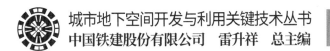

城市地下空间开发与利用关键技术丛书
中国铁建股份有限公司 雷升祥 总主编

国家重点研发计划项目 编号：2018YFC0808700 2018YFC0808704

SAFETY CONSTRUCTION
TECHNOLOGY OF
PIPE-ROOF
PRE-CONSTRUCTION
INTEGRATED STRUCTURE

管幕预筑一体化结构
安全建造技术

雷升祥 刘 勇 李占先 韩 石 著

U0335888

人民交通出版社股份有限公司
北 京

内 容 提 要

本书为"城市地下空间开发与利用关键技术丛书"之一。本书针对当前复杂工况下城市地下大空间建造与安全风险管控面临的挑战，构建了城市地下大空间管幕预筑一体化结构安全建造技术体系。通过对管幕预筑一体化结构力学性能的研究，提出了管幕预筑一体化结构的设计方法与施工技术，并阐述了管幕预筑一体化结构的施工变形规律及变形控制技术。同时，本书详细介绍了国内首次实践的太原市迎泽大街管幕预筑一体化结构下穿火车站通道工程的设计、施工与现场监测情况，为管幕预筑一体化结构安全建造技术的推广和应用提供了成功借鉴。

本书可供从事城市地下空间工程科研、设计、施工的专业技术人员参考，亦可供高等院校相关专业师生学习使用。

图书在版编目（CIP）数据

管幕预筑一体化结构安全建造技术 / 雷升祥等著
．—北京：人民交通出版社股份有限公司，2021.6
ISBN 978-7-114-17316-5

Ⅰ.①管⋯　Ⅱ.①雷⋯　Ⅲ.①市政工程—地下工程—安全技术—研究　Ⅳ.①TU94

中国版本图书馆CIP数据核字（2021）第090429号

Guanmu Yuzhu Yitihua Jiegou Anquan Jianzao Jishu

书　　名：	**管幕预筑一体化结构安全建造技术**
著 作 者：	雷升祥　刘　勇　李占先　韩　石
责任编辑：	李　梦
责任校对：	赵媛媛
责任印制：	张　凯
出版发行：	人民交通出版社股份有限公司
地　　址：	(100011)北京市朝阳区安定门外外馆斜街3号
网　　址：	http：//www.ccpcl.com.cn
销售电话：	(010)59757973
总 经 销：	人民交通出版社股份有限公司发行部
经　　销：	各地新华书店
印　　刷：	北京交通印务有限公司
开　　本：	787×1092　1/16
印　　张：	9.5
字　　数：	225千
版　　次：	2021年6月　第1版
印　　次：	2021年6月　第1次印刷
书　　号：	ISBN 978-7-114-17316-5
定　　价：	78.00元

（有印刷、装订质量问题的图书由本公司负责调换）

序 一

INTRODUCTION

　　地下空间开发与利用是生态文明建设的重要组成部分，是人类社会和城市发展的必然趋势。城市地下空间开发与利用是解决交通拥堵、土地资源紧张、拓展城市空间和缓解环境恶化的最有效途径，也是人类社会和经济实现可持续发展、建设资源节约型和环境友好型社会的重要举措。

　　我国地下交通、地下商业、综合管廊及市政设施在内的城市地下空间开发，近年来取得了快速发展。建设规模日趋庞大，重大工程不断增多，技术水平不断提升，前瞻性构想也在不断提出。同时，在城市地下空间开发与利用及技术支撑方面，也不断出现新的问题，面临着新的挑战，需通过创新性方式来破解。针对地下工程中的科学问题和关键技术问题开展有针对性研究和突破，对于推动城市地下空间建造技术不断创新发展至关重要。

　　在此背景下，中国铁建股份有限公司雷升祥总工程师牵头，依托"四个面向"的"城市地下大空间安全施工关键技术研究""城市地下基础设施运行综合监测关键技术研究与示范"和"城市地下空间精细探测技术与开发利用研究示范"三个国家重点研发计划项目，梳理并提出重大科学问题和关键技术问题，系统性地开展了科学研究，形成了城市地下大空间与深部空间开发的全要素探测、规划设计、安全建造、智能监测、智慧运维等关键技术。对推动我国城市地下空间领域的可持续发展，具有重要意义。

　　基于研究成果和工程实践，雷升祥总工程师组织编写了"城市地下空间开发与利用关键技术丛书"。这套丛书既有发展理念，又有关键技术及装备，也有工程案例，内容丰富，特色鲜明。对我国该领域科研、设计、施工和运维等方面的学者、管理者、师生都将有很好的借鉴作用。相信对我国城市地下空间领域的安全、有序、高效发展，将起到重要的积极推动作用。

深圳大学土木与交通工程学院院长

中国工程院院士

2021 年 6 月

序 二
INTRODUCTION

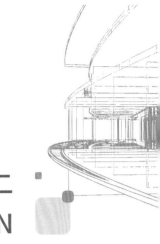

2017年3月5日，习近平总书记在参加十二届全国人大五次会议上海代表团审议时指出，城市管理应该像绣花一样精细。中国铁建股份有限公司深入贯彻落实总书记的重要指示精神，全力打造城市地下空间开发第一品牌。2018年以来，中国铁建先后牵头承担了"城市地下大空间安全施工关键技术研究""城市地下基础设施运行综合监测关键技术研究与示范""城市地下空间精细探测技术与开发利用研究示范"三项国家重点研发计划项目，均为"十三五"期间城市地下空间领域的典型科研项目。为此，中国铁建组建了城市地下空间研究团队，开展产、学、研、用广泛合作，提出了"人本地下、绿色地下、韧性地下、智慧地下、透明地下、法制地下"的建设新理念，努力推动我国城市地下空间集约高效开发与利用，建设美好城市，创造美好生活。

在城市地下空间开发领域，我们坚持问题导向、需求导向、目标导向，通过理论创新、技术研究、专利布局、示范应用，建立了包括城市地下大空间、城市地下空间网络化拓建、深部空间开发在内的全要素探测、规划设计、安全建造、智能监测、智慧运维等成套技术体系，授权了一大批发明专利，形成了系列技术标准和工法，对解决传统城市地下空间开发与利用中的痛点问题，人民群众对美好生活向往的热点问题，系统提升我国城市地下空间建造品质与安全建造、运维水平，促进行业技术进步具有重要的意义。

基于研究成果，我们组织编写了这套"城市地下空间开发与利用关键技术丛书"，旨在从开发理念、规划设计、风险管控、工艺工法、关键技术以及典型工程案例等不同侧面，对城市地下空间开发与利用的相关科学和技术问题进行全面介绍。本丛书共有 8 册：

1.《城市地下空间开发与利用》

2.《城市地下空间更新改造网络化拓建关键技术》

3.《城市地下空间网络化拓建工程案例解析》

4.《城市地下大空间施工安全风险评估》

5.《管幕预筑一体化结构安全建造技术》

6.《日本地下空间考察与分析》

7.《城市地下空间民防工程规划设计研究》

8.《未来城市地下空间发展理念——绿色、人本、智慧、韧性、网络化》

这套丛书既是国家重大科研项目的成果总结，也是中国铁建大量城市地下工程实践的总结。我们力求理论联系实际，在实践中总结提炼升华。衷心希望这套丛书可为从事城市地下空间开发与利用的研究者、建设者和决策者提供参考，供高等院校相关专业的师生学习借鉴。丛书观点只是一家之言，限于水平，可能挂一漏万，甚至有误，对不足之处，敬请同行批评指正。

雷升祥

2021 年 6 月

前　言
PREFACE

在国家大力支持城市地下空间开发的背景下，目前我国的地下结构建造技术已取得了长足的进步，但随着地下空间建设逐渐向网络化、大空间、高品质的方向发展，对建设理念、结构形式、建造技术等也提出了更高的要求。随着结构跨度增大、覆土厚度减小，沉降控制难度急剧增大，特别是在敏感区浅埋地下大空间工程建设中，施工安全风险加大，并成为工程建设的技术难题，如果处理不当将对城市公共安全造成极大威胁。因此，本书提出城市地下大空间管幕预筑一体化结构的安全建造理念，将加固、支护、主体结构合为一体并一次建造成型，既能实现使用空间开阔，又能减少施工步骤、节省临时支撑费用，达到加快施工进度、改善作业环境、保证周边建（构）筑物安全的目的。

管幕预筑一体化结构采用大直径钢管作为初期支护，待顶管完成后，连通钢管并浇筑钢筋混凝土作为主体结构，形成支护与结构合二为一的整体结构，既能满足大断面空间要求，又可以很好地控制地表和周围建（构）筑物变形。采用一体化结构可以减少开挖支护步序，便于大型机械施工，加快施工进度；同时可以减少传统大断面地下空间施工过程中的临时支护，降低施工成本，适用于浅埋、大跨度、下穿重要建（构）筑物等特殊条件。通过对管幕预筑一体化结构的研究发现，目前尚存在结构受力不明确、应力演化机理不清晰、结构设计方法不规范、施工技术不成熟等一系列问题。基于上述问题，本书通过对管幕预筑一体化结构力学性能的研究，提出了管幕预筑一体化结构的设计方法与施工技术，并阐述了管幕预筑一体化结构的施工变形规律及变形控制技术。全书共分为6章：第1章绪论，在介绍管幕预筑结构发展历史的基础上，总结归纳了管幕预筑结构设计、施工中存在的问题，提出了管幕预筑一体化结构的基本理念，并分析了管幕预筑结构的发展趋势；第2章管幕预筑结构承载能力研究，介绍了管幕预筑结构形式和受力特点，通过大量试验和数值模拟提出了双钢板混凝土偏心受压构件的承载能力计算方法;第3章管幕预筑结构设计方法,分析了管幕预筑结构的适用条件,通过数值计算得出了考虑施工过程的土压力计算公式,介绍了管幕预筑结构的荷载、计算原则及计算方法;第4章管幕预筑结构施工技术,介绍了管幕预筑结构的主要施工流程,并重点介绍了管幕精准顶进、钢管切割与焊接和大体积混凝土浇筑等施工技术和设备研发;第5章管幕预筑结构施工变形规律分析与变形控制技术,介绍了顶进施工、钢管切割及内部土方开挖对地表变形的影响规律,并提出了相应控制措施;第6章工程应用与现场监测分析,详细介绍了国内首次实践的太原市迎泽大街管幕预筑一体化结构下穿火车站通道工程的设计、施工情况,并对地表及轨道沉降、结构受力等现场监测数据进行了分析,该工程已顺利建造完成并取得了良好的效果。

本书在国家重点研发计划"城市地下大空间安全施工关键技术研究"(项目编号:2018YFC0808700)项目资助下完成,并以该项目课题四"城市地下人空间支护结构一体化安全建造技术"(项目编号:2018YFC0808704)的研究成果为基础,全面梳理和总结了城市地下大空间管幕预筑一体化结构安全建造技术体系。本书编写分工如下:第1章由雷升祥、李占先、张志勇撰写,第2章由韩石、张艳青撰写,第3章由刘勇、宋玉香撰写,第4章由王焕、李腾、郭京波撰写,第5章由刘勇、韩石撰写,第6章由李占先、韩智铭、李腾撰写,全书由刘勇统稿、雷升祥校稿。本书在编写过程中得到了国家重点研发计划"城市地下大空间安全施工关键技术研究"项目管理办公室和项目组研究成员的支持和帮助,在此向他们表示诚挚的感谢!

本书基于项目最新研究成果编写,有些提法可能需要大家一起讨论,书中也难免存在疏漏和不妥之处,恳请各位专家和读者不吝赐教。

作 者
2021年5月

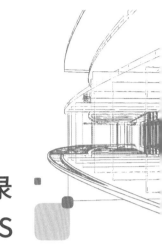

目 录
CONTENTS

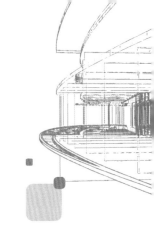

第1章
绪论

城市地下空间的开发利用已成为世界性发展趋势，并作为衡量城市现代化水平的重要标志。随着城市地下空间的发展，对地下空间的使用要求越来越高，因此建造地下大空间成为工程技术人员必须面对的课题。目前地下大空间的施工方法主要有明挖法、盖挖法和暗挖法，明挖法和盖挖法主要采用矩形框架平顶结构，受结构形式限制结构跨度一般小于10m，且施工过程中需要大刚度的围护体系满足环境和施工安全要求；暗挖法施工时多采用分步开挖，步序多，施工进度慢，临时支撑多造价高，多次扰动围岩风险高。因此，已有结构和施工方法无法满足地下大空间安全建造要求。支护结构一体化将支护与结构合为一体同时施作，增加支护刚度，既满足大断面空间要求，又可以很好地控制地表和周围建（构）筑物变形。一体化结构可以减少开挖支护步序，便于大型机械施工，加快施工进度；同时可以减少传统大断面地下空间施工过程中的临时支护使用量，可节约成本。

1.1 管幕预筑施工方法的发展历史

1.1.1 常用地下大空间暗挖施工方法

城市地下大空间工程由于存在跨度大、对地表及周边建（构）筑物扰动控制要求严格等特点，因此暗挖法施工中常采用分部开挖法确保施工安全，常用施工方法包括导坑＋台阶法、交叉中隔壁法（CRD法）、双侧壁导坑法、中洞法、柱洞法（PBA法）及拱盖法等。

1）导坑＋台阶法

该方法先用小断面超前开挖导坑，然后将导坑扩大到半断面或全断面的开挖方法，适用于软土地层。导坑＋台阶法主要施工工序为：

（1）先进行导坑开挖。

（2）对导坑拱顶围岩进行支护，两侧拱墙按临时支护方式施作临时支护。

（3）上台阶左右侧分别扩挖，并对扩挖的边墙进行初期支护。

（4）下台阶左右分幅开挖，对开挖出的半幅施作初期支护。

（5）仰拱分幅开挖。

导坑＋台阶法施工工序如图1-1所示。

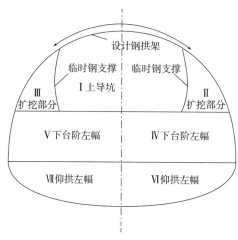

图1-1　导坑＋台阶法施工工序

（注：图中罗马数字为施工序号）

2）交叉中隔壁法（CRD法）

CRD法适用于软弱围岩大跨地下结构，其主要施工工序为：

（1）先开挖一侧的①或②部，施作部分中隔壁和横隔板。

（2）再开挖另一侧的③或④部，完成横隔板施工。

（3）再开挖最先施工一侧的最后部分，并延长中隔壁。

（4）开挖剩余部分。

CRD法施工工序如图1-2所示。

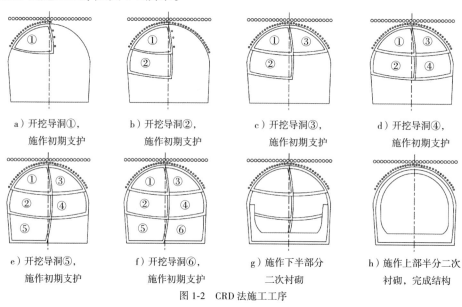

图1-2　CRD法施工工序

（注：图中数字代表开挖导洞序号）

3）双侧壁导坑法

双侧壁导坑法一般将断面分成四块：左、右侧壁导坑，上部核心土和下台阶。其原理是利用两个中隔壁把整个隧道大断面分成左中右 3 个小断面施工，左、右导洞先行，中间断面紧跟其后；初期支护仰拱成环后，拆除两侧导洞临时支撑，形成全断面。两侧导洞均为倒鹅蛋形，有利于控制拱顶下沉。双侧壁导坑法主要施工工序为：

（1）分台阶开挖①号导坑，施作导坑和中隔壁初期支护及锁脚锚杆。

（2）分台阶开挖②号导坑，施作导坑和中隔壁初期支护及锁脚锚杆。

（3）分台阶开挖两侧③号、④号导坑，施作导坑和中隔壁初期支护及锁脚锚杆。

（4）分台阶开挖两侧⑤号、⑥号导坑，施作导坑和中隔壁初期支护及锁脚锚杆。

（5）分块、分台阶开挖⑦号导坑，施作导坑中间隔壁和初期支护结构。

（6）基面处理，铺设防水板，施作模筑双侧壁底板混凝土。

（7）分段拆除临时中隔壁，铺设防水板，施作模筑侧墙中部及侧墙上部混凝土。

（8）拆除临时中隔壁，铺设防水板，施作主体结构拱顶二次衬砌，采用满堂支架替代临时钢支撑体系。

（9）拆除临时中隔壁和钢支撑，开挖中间剩余土体，铺设防水板，施作底部混凝土。

（10）施作车站内部柱、中板及内部附属结构。

双侧壁导坑法施工工序如图 1-3 所示。

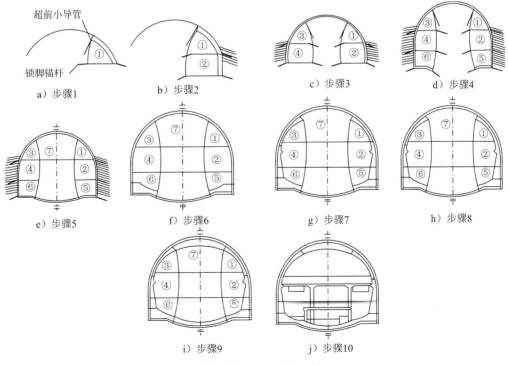

图 1-3　双侧壁导坑法施工工序

（注：图中数字代表开挖导坑序号）

4）中洞法

中洞法先开挖中间部分（中洞），在中洞内施作梁、柱结构，随后开挖两侧部分（侧洞），并逐渐将侧洞顶部荷载通过中洞初期支护转移到梁、柱结构上。该方法常与CRD法结合使用，一般用于双连拱隧道和大跨地铁车站。中洞法主要施工工序为：

（1）进行中洞拱部大管棚超前支护、小导管注浆加固地层。

（2）中洞开挖施工。

（3）分段拆除部分竖向临时支护，铺设底板部分防水层，施作部分底板、底纵梁，预留钢筋及防水板接头。

（4）分段施作立柱、中纵梁和中层板。

（5）分段施作顶纵梁和拱部结构，在顶纵梁上加设钢支撑和钢拉杆。

（6）两边跨施作大管棚及超前小导管加固地层，对称开挖边洞上导坑，及时封闭初期支护。

（7）按顺序对称开挖两侧边洞，及时进行封闭，施作初期支护。

（8）分段拆除中洞下部临时支护，铺设边跨防水层，施作边跨二次结构。

（9）分段拆除中间临时支护，施作两侧边墙及中层板。

（10）分段拆除剩余临时支护，施作边跨拱部。

中洞法施工工序如图1-4所示。

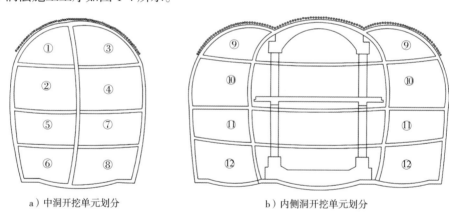

a）中洞开挖单元划分　　　　　　　　b）内侧洞开挖单元划分

图1-4　中洞法施工工序

（注：图中数字代表开挖单元序号）

5）柱洞法（PBA法）

该工法由边桩、中桩（柱）、顶底梁、顶拱共同构成初期受力体系，承受施工过程的荷载；其主要思想是将盖挖及分步暗挖法有机结合起来，发挥各自的优势，在顶盖的保护下可以逐层向下开挖土体，施作二次衬砌，可采用顺作和逆作两种方法施工，最终形成由初期支护+二次衬砌组合而成的永久承载体系。PBA法主要施工工序如图1-5所示。

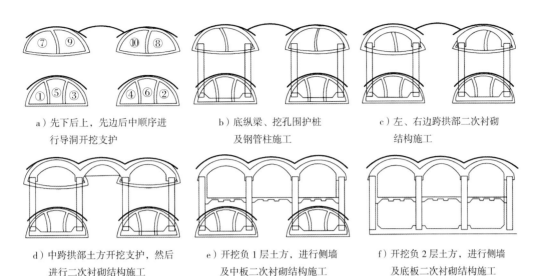

a）先下后上，先边后中顺序进行导洞开挖支护

b）底纵梁、挖孔围护桩及钢管柱施工

c）左、右边跨拱部二次衬砌结构施工

d）中跨拱部土方开挖支护，然后进行二次衬砌结构施工

e）开挖负 1 层土方，进行侧墙及中板二次衬砌结构施工

f）开挖负 2 层土方，进行侧墙及底板二次衬砌结构施工

图 1-5　PBA 法施工工序

6）拱盖法

拱盖法是在明挖法、盖挖法和 PBA 法基础上创建的适用于特殊地层的一种暗挖施工方法，顾名思义就是"拱"和"盖"的结合，多应用于采用暗挖钻爆法施工的地下工程，该方法主旨是充分利用下覆围岩的承载力和稳定性，在不爆破或弱爆破的条件下进行扣拱施工，二次衬砌两端以大拱脚形式坐落在稳定的基岩上，扣拱完成后在拱盖的保护下向下爆破开挖，相当于盖挖方法的后续施工。拱盖法主要施工工序为：

（1）开挖左右①部土体，施作初期支护。

（2）开挖左右②部土体，施作初期支护，大拱脚部位打设注浆管注浆，浇筑拱盖拱脚纵梁，浇筑拱盖模筑混凝土。

（3）开挖上部③部土体，施作初期支护（锚杆、钢架、喷混凝土、临时竖撑）。

（4）施作拱部中央部位加强拱盖，而后开挖中部中导洞④部土体，拆除临时竖撑。

（5）开挖下半部分⑤部土体，面层喷射混凝土。

（6）开挖下半部分左右两侧⑥部土体，施作侧墙部分初期支护。

（7）开挖下半部分左右两侧⑦部土体，施作侧墙部分初期支护。

（8）开挖下半部分⑧部土体，施作仰拱部分初期支护。

（9）开挖下半部分左右两侧⑨部土体，施作侧墙部分初期支护。

（10）开挖下半部分左右两侧⑩部土体，施作侧墙部分初期支护，初期支护完全封闭。

拱盖法施工工序如图 1-6 所示。

上述常用城市地下空间暗挖施工方法工艺均较为成熟，但为了减小对地表及周边建（构）筑物的扰动，需

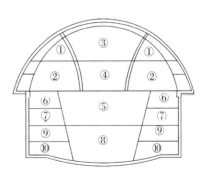

图 1-6　拱盖法施工工序

（注：图中数字代表开挖土体分部序号）

借助导坑辅助施工，或顶进钢管形成钢管幕围护结构，存在临时支护多、施工工序繁杂、控制地表沉降困难等缺点。各施工方法优缺点及工程案例见表1-1。

各类暗挖法优缺点及工程案例   表1-1

施工方法	优　点	缺　点	工　程　案　例
导坑+台阶法	施工工序相对简单、工艺成熟	地表沉降及周边扰动控制能力较弱；存在临时支护结构	重庆嘉华大坪隧道
CRD法	开挖跨度较大、开挖每一步均各自封闭成环，有利于围岩稳定，地表沉降控制效果较好；适用于软弱地层	交叉中隔墙为临时支护结构，后期需拆除，成本较高；施工工序繁杂	（1）广州地铁越秀公园站；（2）重庆地铁红土地站；（3）北京地铁5号线天坛东门站
双侧壁导坑法	每个分块开挖后立即各自闭合，施工中变形几乎不发展，有利于施工安全；地表沉降控制效果较好；主要适用于黏性土层、砂层、砂卵层等地层	存在临时支护结构、工期长、成本较高；施工工序繁杂	（1）青岛地铁清江路站；（2）日本成田新干线-机场隧道（第八工区）；（3）日本横滨地铁车站；（4）北京地铁西单站；（5）重庆轻轨临江门站；（6）石家庄地铁长城桥车站
中洞法	安全性好；中洞完成后，可左右侧同时施工，工序间干扰较少；广泛应用于双连拱隧道	对地表和拱顶产生的扰动较大；施工工序繁杂；易出现偏压问题	（1）重庆市地铁10号线重庆北站D区；（2）北京地铁5号线磁器口站；（3）北京地铁5号线蒲黄榆站；（4）重庆市环线冉家坝车站；（5）乌鲁木齐地铁1号线新兴街站；（6）北京地铁成府路车站；（7）北京地铁5号线张自忠路站
PBA法	施工灵活，基本不受层数、跨数的影响；可同步进行导洞施工，施工干扰小，各导洞内的柱、纵梁也可同时作业；扣拱后施工空间开阔，机械化程度高	施作导洞时空间狭小，施工环境差；成本较高；施工工序繁杂	（1）北京地铁2号线天安门西站；（2）长春地铁解放大路站；（3）北京地铁5号线东四车站；（4）沈阳地铁2号线崇山路站；（5）北京地铁4号线宣武门站；（6）沈阳地铁2号线青年大街站；（7）沈阳地铁1号线沈阳站
拱盖法	工序转换少、地面沉降小、防水质量好；适用于上软下硬地层	拱脚处地层强度要求高，冠梁下侧墙部位弱爆破难以控制	（1）重庆地铁5号线凤西路车站；（2）青岛地铁3号线中山公园站；（3）青岛地铁4号线内蒙古路站；（4）青岛地铁4号线昌乐路站；（5）青岛地铁11号线辽阳东路站；（6）大连地铁129街区；（7）北京地铁16号线达官营站盖挖法换乘厅
管幕法	地表沉降及周边扰动控制能力强；开挖跨度大、机械化程度高	造价高；钢管幕仅作为支护结构使用，利用率低，较为浪费	（1）北京首都国际机场T3与T2航站楼隧道工程；（2）北京首都国际机场捷运系统及汽车通道工程下穿机场主跑道段隧道；（3）港珠澳大桥—拱北隧道曲线管幕群冻结法；（4）成都致力路下穿车辆段动车检修线、存车线
新管幕法	该方法是对管幕法的改进，优点同管幕法	造价高	（1）沈阳地铁2号线新乐遗址站；（2）太原市迎泽大街下穿太原火车站隧道

常用暗挖施工方法均存在如下问题：

（1）导洞内施工场地狭窄，作业条件差，不利于机械化施工。

（2）施工连接点多，节点施工处理较困难。

（3）导洞在开挖时边墙和底板超挖严重。

（4）临时支护结构存在不稳定的隐患。

（5）地表沉降大，不适用于对地表沉降控制严格的工程。

（6）存在中柱，不利于空间充分利用。

1.1.2　管幕预筑工法的起源及发展历程

针对常规施工方法支护刚度小、地表变形大的问题，地下空间建造者提出了利用微型顶管机建造大断面地下空间的施工技术，即管幕工法。随着工程实践积累和技术水平的进步，在管幕工法基础上先后出现了管幕—箱涵顶进工法、管拱肋梁工法以及管幕预筑工法。

1）管幕工法

管幕工法原理与大管棚工法相类似，属于大刚度管棚。首先利用微型顶管技术在拟建地下建筑物四周顶入钢管，钢管之间采用锁口连接并注入防水材料而形成水密性地下空间，然后在管幕的保护下边开挖边支撑，贯通后浇筑主体结构，其结构横断面如图 1-7 所示。

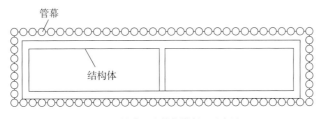

图 1-7　管幕工法结构横断面示意图

管幕工法起源于日本，于 1971 年首次应用于日本穿越铁路的通道工程，1971—1980 年采用井关公司（Iseki 公司）设备施工的管幕法工程就有 6 项。欧洲最早采用管幕法的工程是 1979 年比利时安特卫普（Antewerp）地铁车站工程（图 1-8），该地铁车站下穿既有铁路车站。1982 年新加坡采用 24 根直径为 600mm 的钢管围成的管幕在城市街道下修建了一个地下通道。1993 年马来西亚也开始采用管幕法施工。1994 年美国首次应用钢管直径为 770mm 的钢管幕施工地下隧道。中国首次应用管幕工法是 1984 年修建香港地下通道。

管幕工法施工主要包括钢管幕施工及在管幕保护下地下结构体的施工。管幕工法的施工步骤一般分为 6 步：

图 1-8　安特卫普地铁车站

（1）构筑顶管始发井和接收井，必要的情况下需进行土体加固。

（2）将设有锁口装置的钢管按一定的顺序分节顶入土层中，并使钢管彼此搭接，形成管幕。

（3）钢管锁口处涂刷止水润滑剂，钢管顶进时起润滑作用，后期发挥止水作用，且通过预埋注浆管在钢管锁口处注入止水材料，使浆液纵向流动并充满锁口处的间隙，防止开挖时地下水渗入管幕内。

（4）在钢管内注浆或灌注混凝土，以提高管幕的刚度，减小开挖时管幕的变形。

（5）在管幕保护下全断面开挖，边开挖边支撑，形成从始发井至接收井的通道。

（6）依次逐段构筑混凝土内部结构，并逐步拆除管幕内支撑，最终形成完整的地下通道。

2）管幕—箱涵顶进工法

管幕—箱涵顶进工法结合了管幕法和大断面箱涵顶进工法，采用预制箱涵代替管幕法中的主体结构，不仅可以充分利用大直径管幕的刚度控制地层变形，而且不需要架设和拆除临时支撑，降低了工程造价，提高了施工效率。其结构横断面如图1-9所示。

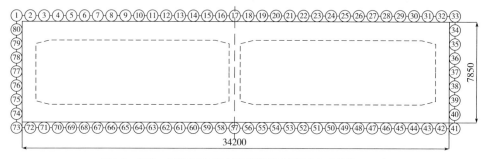

图1-9　管幕—箱涵顶进工法结构横断面示意图（尺寸单位：mm）

采用管幕结合推拉方案（ESA工法），1991年日本近几公路松原海南线松尾工程推进大断面箱涵，箱涵宽26.6m、高8.3m、长121m；1997年东海道线新庄立体交叉工程，大断面箱涵长82m、宽25.5m、高7.7m，采用45根直径812.8mm钢管，注浆加固管幕内土体。采用管幕结合牵引方案（FJ工法），2000年日本成功建成大池成田线高速公路下大断面箱涵，箱涵长47m、宽19.m、高7.33m。2005年我国首次采用管幕箱涵法施工上海北虹路地道工程，管幕段长126m、宽34.2m、高7.85m，是世界上在饱和含水软土地层中采用管幕—箱涵顶进法施工横断面最大的工程。

管幕—箱涵顶进工法主要包括钢管幕施工及在管幕保护下预制箱涵顶进施工。钢管幕施工与管幕法相同，然后在钢管幕顶进完成后进行预制箱涵的分段顶进，一直顶入接收井，形成整体结构。

3）管拱肋梁工法

现有的管幕工法在钢管之间仅用锁口连接，其横向承载力较低。因此开挖过程中在管幕下方必须设置围檩和竖向支撑以保证管幕结构的稳定性。管幕结构在围檩和竖向支撑的作用下形成"棚架体系"，管幕结构本身在纵向起到扩散荷载的作用，在横向几乎不承担荷载，或者承担的荷载较小。

19 世纪 90 年代初，Lunardi 教授在管幕工法的基础上，提出了管拱肋梁工法，即沿着隧道结构轴线将管体水平顶入地层，然后沿着隧道纵向一定距离设置环向拱肋，以连接各管道使其具有一定的整体刚性，并将其作为地下结构的主要承载构件。采用此工法成功修建了意大利米兰市威尼斯地铁车站，如图 1-10 所示。

19 世纪 90 年代后期，基于管拱肋梁技术的思想，韩国完成了若干地下穿越工程，并于 2006 年采用管幕法（Tubular Roof Construction Method，TRCM）和格构拱法（Cellular Arch Method，CAM）成功修建了著名的首尔地铁 9 号线 923 地铁车站，如图 1-11 所示。

图 1-10　意大利威尼斯地铁车站　　　　图 1-11　韩国首尔 923 地铁车站

4）管幕预筑工法

管幕预筑工法是新管幕工法在国内应用后的名称。新管幕工法（New Tubular Roof Method，NTRM）最早由比利时的斯美特公司（Smet Boring 公司）开发，在韩国，美国，日本等国家得到了广泛的应用。沈阳地铁 2 号线新乐遗址站施工是国内首个应用该工法的工程。

新管幕工法是对管幕工法的一种改进，但与管幕工法有很大的区别。新管幕工法所顶钢管均为大直径钢管（直径一般在 1800mm 以上）。采用大直径钢管的目的，就是可以在施工后期直接将拟建结构物外轮廓（结构底板、顶板、墙体）施作于所顶钢管形成的管排内，从而完成地下结构的构筑，其结构横断面如图 1-12 所示。

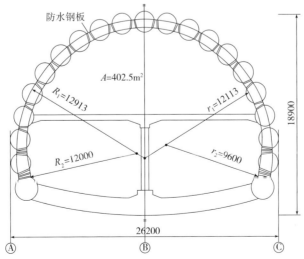

图 1-12　沈阳地铁新乐遗址站横断面（尺寸单位：mm）

新管幕工法在国内开始应用后，其名称也发生了变化，有预筑工法、新预筑工法、管幕预筑工法三种名称。预筑工法命名是在地下空间形成前预先完成了地下结构，与逆筑法意思差不多，且概念比较广泛，没有体现与一般逆筑法的区别。为了区别预筑法与逆作法，进一步体现与逆作法的差异，在名称前面加了一个字，叫作"新预筑工法"。与新管幕工法一样，新预筑法这个名称限定的范围不清晰，仍然不能很明确地反映该工法的特点。基于该工法的工艺特点，即在管幕内预先建造地下结构后进行土方大开挖，参照管幕箱涵法的组合命名方法，称之为管幕预筑工法。

管幕预筑工法主要施工过程为：始发及接受竖井施工→管幕钢管顶进并出土→管间土体加固与改良→钢管切割后焊接连接钢板及支撑立柱→主体钢筋混凝土结构施工→结构内部土方开挖→内部附属结构施工。

1.2 管幕预筑结构的基本理念

1.2.1 管幕预筑工法概述

管幕预筑工法属于浅埋暗挖工法，但与一般浅埋暗挖工法在结构形式和承载机理方面存在很大区别。管幕预筑结构采用一体化结构形式，将支护和结构合并为一体一次建造成型，大刚度管幕类似复合式衬砌中的初期支护，在施工阶段承受基本荷载，采取可靠的防腐蚀措施后与管内施作的钢筋混凝土组成复合结构共同承担全部荷载。

管幕预筑结构的"支护—结构一体化"建造理念是：首先施作加固、支护及主体于一体的永久结构，然后在一体化结构的保护下进行土方开挖。该理念改变了传统暗挖法先加固后支护最后施作主体结构的施工步序，将加固、支护、主体结构合为一体并一次建造成型，省去了传统大断面地下空间暗挖施工中化大断面为若干小导洞分步开挖以及其中的临时支撑，能加快施工进度，改善地下作业环境，保证周边建（构）筑物安全。其主要的技术路线是：采用较为传统的顶管技术或盾构技术将一簇大直径钢管顶推或牵引至地层中→在大直径钢管内进行结构施工→连接成设计预想的地下结构外轮廓→在成型结构的保护下开挖结构内部地层，并施工内部结构。该工法中大直径钢管不仅是临时的支护结构或措施，也成为创造作业空间的结构。

管幕预筑一体化结构与传统管幕工法在施工原理和力学作用机理方面有相同的地方，但施工力学特性和施工工艺有很大区别。传统管幕工法的钢管幕主要起超前支护的作用，而管幕预筑一体化结构的钢管幕在起超前支护作用的同时，也可作为主体结构的一部分发挥其承载能力。

1.2.2　管幕预筑结构的技术特点

管幕预筑工法的独特之处在于，它在微扰动的地层初始平衡状态下形成地下结构，开挖后地层应力直接转换到建成后的最终平衡状态，使该结构明显优于其他传统暗挖结构。从结构、技术及创新性等方面分析，管幕预筑结构具有以下特点：

（1）结构采用大直径钢管进行顶进，在保证断面尺寸大小不改变的前提下，一方面减少了钢管顶进数量，减少了对土体的扰动次数，另一方面大直径钢管方便施工人员进入钢管内部进行之后的施工作业。

（2）对周围环境影响小，地表沉降控制量小，周围建筑无需对桩基或地基进行加固处理；既有管线可不进行移线、复线，不会对周围居民的用电、用水、用气等方面造成中断。

（3）顶管施工需要的作业面积小，可进行 24h 施工，对施工段交通的影响小，地面道路不用改道，无须进行道路改建，即不需要开挖道路和重新铺设路面。

（4）适用土质广泛，可在地下水位以下进行施工，一般不用进行降水处理。

（5）进行内部土体开挖时，由于主体结构已经形成，既可实现大断面机械开挖，又能保证施工人员的安全作业。

（6）固连钢板通过焊接在结构外侧形成封闭空间可以有效防止渗水、漏水。

（7）大跨度地下空间可实现单拱无柱结构，建筑空间开敞。

1.3　管幕预筑结构的发展现状

1.3.1　设计现状

现有设计计算作用于结构上的土压力时，一般按照结构跨度进行深浅埋判别，按照整体结构跨度计算松动土压力。而管拱结构在施工过程中，按照不同的顺序进行单管顶进，此时单拱上方按照单管直径计算，一般会形成土拱，群管顶进完成后，会形成连续土拱，因此按照结构跨度进行深浅埋判别的土压力计算方法并不合理。

管幕预筑结构为钢板—混凝土—钢板"三明治"组合结构，目前的设计方法认为钢管主要作用是提供主体结构施作空间、防水与充当混凝土浇筑模板，按钢筋混凝土结构进行设计。管幕预筑结构与传统钢板混凝土结构相比，其截面形式有很大不同，且管幕预筑结构作为地下空间结构，为偏心受压的钢板—混凝土—钢板"三明治"组合结构。在管幕预筑结构中，钢管、钢板与混凝土有一定的抗剪连接件，但是在设计中，只考虑管内钢筋混凝土的受力，既没有考虑钢筋混凝土与钢管结构的分别作用，也没有考虑钢板与混凝土形成组合结构，形成钢板—钢筋混凝土—钢板组合结构进行承载。这不仅是对钢板、钢管的极大浪费，也同时增加了钢筋的用量，因而建造成本较大。

1.3.2 施工现状

管幕预筑工法施工过程主要包含钢管顶进、切割与焊接、钢筋混凝土浇筑、内部土方开挖。

（1）钢管顶进

顶管法具有对交通干扰少、噪声及振动小、对施工周边环境影响小等特点，可安全穿越铁路、建筑物等障碍物，故在市政工程中得到了广泛的应用。随着中继接力顶进技术的出现，使得顶管法具有大管径、长距离顶进作业的能力。顶管施工中的关键技术包括纠偏、注浆减阻、沉降控制和长距离顶进。

顶进纠偏是顶管技术的关键，在实践中已提出"勤测、微纠、少纠"的原则，勤测即多测量，以便精确掌握情况，及时采取措施作出调整，在管理上要完善测量人员的管理制度，如明确强制观测次数、班组间要交底等措施；微纠即指纠偏不能一次到位，要逐步纠正偏差；少纠则指当偏差在12cm以内且机头向减少偏差方向行走时，尽量少纠正偏差。总之，偏差的控制需要从顶进的全过程去考虑，从系统的角度去解决，最好能够形成一个事前、事中、事后的全过程控制体系，使偏差控制在允许的范围内。

在顶进过程中主要采用在管周注入触变泥浆减阻。常用的触变泥浆材料以膨润土为主，通过管路及注浆孔注入管节与周围土体间的空隙，形成泥膜起到减阻以及对周围土体的支撑作用。膨润土泥浆至今仍然是顶管施工中的润滑材料，但是存在一定的缺陷：如泥浆配置要求较高操作不便，在渗透性系数较大的地层容易扩散，泥浆套完整性不能保证等。国内外研究了许多新型材料和注浆工艺，以进一步保证泥浆套的完整和提高减摩效果，主要有液型粗粒润滑剂、果冻状充填剂、有机树脂和无机硅酸盐组成的超强润滑材料等新型材料和双层注浆法、管被膜推进注浆法。

顶管施工过程地面沉降主要通过开挖面的土压力与出土量控制、注浆压力和注浆量控制、顶管轴线纠偏控制、顶进施工参数控制以及地基加固得以实现，并通过试验段试顶调整参数。

（2）切割与焊接

顶进完成后，钢管需要进行切割，以便在环向连通各钢管，创造施工内部钢筋混凝土结构的空间。各钢管在结构纵向需通长切割，但施工时为了保证管间土的稳定和钢管受力经常采用跳段切割。钢管切割后需要在结构的内外轮廓线上设置两块固连钢板并焊接支护钢管。钢管切割与钢板焊接工程量巨大，目前多采用人工切割，不仅工效低，而且由于钢管内作业空间狭小，切割、焊接产生的烟气浓度较高，严重影响工作人员的健康。

（3）钢筋混凝土主体结构浇筑

管内实施钢筋、混凝土作业空间受限，对施工组织、质量管理提出了很高要求。钢筋连接大多采用接驳器，混凝土工程采用纵向分段、环向分块的施工顺序，同时形成了大体积自密实混凝土浇筑、堵头模板支撑等技术措施。

1.3.3 研究现状

现有管幕预筑结构的研究主要针对施工工艺和结构力学效应，有关受力性能的研究较少。金春福进行了管幕预筑板式结构施工过程的三维数值模拟，研究指出，施工过程中的结构应力值大于最终施工结束后结构的应力值，随着施工的进行，结构各特征位置受力不断发生变化；进行结构设计时，应考虑施工过程中结构受力特点。黎永索等通过对管幕预筑隧道的衬砌结构进行现场监测分析，考察了管幕预筑隧道衬砌结构在土方大开挖过程中的力学响应，研究结果表明，衬砌结构的应力和变形均很小，最大应力监测值仅为强度设计值的 30%，尚有很大的安全储备。其指出，管幕预筑结构的设计需结合施工工艺，从设计角度提出对管幕预筑结构优化的思路，其中一个重要方面为，通过采取措施，以两侧钢管幕替代内部钢筋混凝土中的配筋，最大程度地发挥管幕结构潜能，提高经济效益。

管幕预筑板式结构中，浇筑成一个整体的钢筋混凝土夹在上、下两侧钢管幕之间，形成了双钢板—混凝土（也称夹芯混凝土）的结构形式，在开挖过程中及施工结束后，作为主体结构承受纵向、横向荷载。钢板混凝土组合结构是近些年发展起来的一种新型结构，由外包钢板、连接件以及内填混凝土组成。钢板与混凝土在界面处通过连接件形成一个整体，共同参与受力，外侧钢板既参与结构受力，同时又作为混凝土的浇筑模板。因此，此类结构除具有强度和刚度高、抗爆和抗冲击能力好等诸多性能优势外，还可以节省成本、缩短工期、减少污染（无须使用模板）。目前，钢板混凝土结构已在多层和高层建筑结构、核电站安全壳、船舶及海洋结构、桥墩以及沉管隧道等结构中得到了应用，许多个国家依托于工程项目逐步形成了行业标准及规程，如我国的《钢板混凝土剪力墙技术规程》（JGJ/T 380—2015）、《核电站钢板混凝土技术标准》（GB/T 51340—2018），日本电气协会的《钢板混凝土结构抗震设计技术规程》以及韩国电力协会的《韩国电力工业规范》。

现有研究结果表明，当设计合理时，含钢率为 3.8%、轴压比为 0.075 的双钢板混凝土压弯构件极限承载力比同样配筋率的钢筋混凝土构件提高了 88.9%。钢板混凝土结构中，关键是保证钢板与混凝土在界面处的变形协调，使两种材料形成组合结构，发挥最大的承载力，而这种共同工作能力主要靠连接件实现。只有当连接件设计得当，即构件具有足够的抗剪连接度、抗剪连接件具有足够的刚度和合理的距厚比时，才能实现钢板和混凝土两种材料的真正组合，将各自的材料优势发挥出来。否则，连接件将成为影响结构性能的薄弱环节，钢板混凝土结构的受力性能可能不如相同材料和截面的钢筋混凝土结构。

钢板混凝土组合结构在不同荷载工况下的面外力学性能也是近年来国内外研究人员关注的重点。钢板混凝土结构面外受弯性能的研究一般采用四点弯曲梁或板的形式，所考虑的参数包括：钢板形式（单面或双面）、钢板厚度、抗剪连接程度（间距）、混凝土浇筑时可能的脱空、混凝土强度以及构造钢筋设置（混凝土受拉区是否配置构造钢筋）等。研究表明，钢板混凝土构件主要有五种破坏形式：受拉区钢板屈服、竖向剪切破坏、受压区混凝土压溃、受压区钢板局部屈曲以及钢板与混凝土交界面上栓钉剪切失效；距厚比满足要求时，条件相同的单钢板混凝土构件和双钢板混凝土构件（区别仅在是否配置受压钢板）发生类似的破坏形式。现有有关钢板混凝土构件受剪性能的研究多是采用简支构件的弯剪试验代替构件的面外剪切试验，研究多采用三点弯曲的形式，主要关注构件的抗剪延性和承载力。研究表明，随着对焊钢筋配筋率的增加，钢板混凝土构件的抗剪刚度、承载力及延性均有所提高，构件的抗剪承载力包含混凝土和对焊钢筋（抗剪钢筋）两部分的贡献值。

新管幕工法的引进和应用主要是借鉴韩国设计施工经验，尚缺乏可靠的结构设计计算理论依据。管拱结构是一个新型的地下结构受力体系，在理论上发展比较滞后，没有形成系统的理论计算模型和计算方法，对于韩国也因其建立数学模型较为困难，多采用定性分析辅助以工程经验的方法。

目前国内外对钢—混凝土组合结构的研究多是关于单层钢板或双层钢板与混凝土、栓钉组合而成的复合结构的承载力研究，其主要适用于高层及超高层建筑、结构加固改造、大跨结构、桥梁结构、核反应堆安全壳等领域，其受力状态为纯弯、压剪或压弯。而对于双钢板组合结构在隧道中的应用的研究略显不足，尤其是管幕预筑结构的研究更少。

1.4 管幕预筑结构的发展趋势

管幕预筑法因沉降小，能够有效减少对既有建筑的影响，且最终所形成的结构可靠性高而被成功应用于国内外许多重要地下工程中；但是管幕预筑法在以下几个方面存在改进和发展空间。

（1）管幕预筑一体化结构荷载分布特征

采用管幕预筑法施工时对地层的扰动一般体现在钢管顶进和切割施工过程，目前按照结构跨度计算松动土压力的方法，对于浅埋结构相差不大，但是对于深埋结构明显偏大。因此，应研究考虑施工过程的土压力分布规律。

（2）偏心受压钢板混凝土组合构件承载能力

管幕预筑结构实质为偏心受压构件，目前国内外对钢—混凝土组合构件承载力的研究多集中在纯弯、压剪或压弯受力状态等方面。因此，应研究偏心受压钢板混凝土组合构件的承载能力，为结构设计提供依据。

（3）管幕预筑结构设计方法

我国已制定《管幕预筑法施工技术规范》（JGJ/T 375—2016），但是缺少"管幕预筑结构设计规范"，目前的设计主要借鉴钢筋混凝土结构的设计方法，不利于管幕预筑工法在我国的推广和应用。

（4）长距离钢管精准顶进技术

虽然我国在大直径钢管顶进方面取得了很多研究成果，也成功完成了很多工程，但是管幕预筑法采用大直径钢顶管（ϕ1800mm 以上），单顶距离相对较长，且沉降控制严格，所以顶管顶进的纠偏、钢管焊接的速度及焊接工艺的选择、顶管顶力的控制、顶管的测量方法和方向控制等难点还需进一步加以改进。

（5）钢管内快速切割、焊接设备研制

为提高钢管内狭小空间钢管切割和钢板焊接工效，减小工人劳动强度，改善作业环境，研制钢管内快速切割、焊接自动化设备是管幕预筑法推广应用的一个重要发展方向。

（6）施工变形控制技术

管幕预筑法一般适用于沉降控制严格的地下空间工程，由于国内此种工法应用实例较少，经验不足，因此研究贯穿钢管顶进、钢管切割和钢板焊接、钢筋混凝土浇筑及内部土方开挖施工全过程的地层变形规律和相应控制措施，对保证施工安全很有必要。

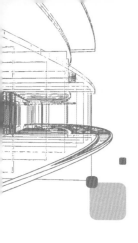

第2章
管幕预筑结构承载能力研究

据统计，我国许多城市地层条件一般或较差或处于软土地层中，如西安为黄土地层，郑州、长沙、昆明等9个城市为粉黏土地层，重庆、大连、青岛等14个城市为浅层土＋风化岩（上软下硬），南昌、兰州、武汉等4个城市为厚层土＋风化岩，上海、宁波、天津等8个城市为淤泥质地层。根据以上不同地层条件中地下空间开发规模的调研结果可知，地层条件对地下空间开发规模的影响十分明显，当地层条件较差时，很难满足城市地下工程对大空间的需求，需采用特殊结构、工法或措施来保证地下大空间开挖时结构的稳定性和安全性，而目前的城市地下大空间结构在形式、工法和措施等方面均存在设计方法不明确、施工过程繁杂等缺点。此外，随着经济的发展，基础设施建设的不断完善，很多新建地下结构需穿越现有结构（如太原迎泽大街下穿太原火车站工程），此类工程对地表沉降或对既有建筑物的影响控制十分严格，因此，目前亟须提出适用于土质地层地下大空间新型结构的设计和施工方法，来满足城市地下工程对大空间的需求，以及穿越工程对地表沉降和既有建筑影响的控制要求。管幕预筑结构具有跨度及整体刚度大、施工过程简单等优点，在地表沉降控制严格的下穿既有建（构）筑物工程以及对空间利用率要求较高的城市地下空间工程中有着显著的优越性，但该结构在承载能力计算方法方面，国内外相关研究较少。本章首先针对预筑结构形式分析其受力特点；根据其受力特点，介绍管幕预筑结构构件承载能力在数值计算和试验研究方面的相关研究成果。

2.1 管幕预筑结构形式

根据建造过程中钢管幕发挥的作用以及最终是否作为地下主体结构使用，管幕结构分为管幕预筑结构和管幕支护结构。管幕支护结构采用传统管幕工法修建完成，如图2-1所示。该工法是在开挖轮廓线外顶入钢管，管间采用锁口连接形成管幕，在所形成的管幕的支护下进行土方开挖和衬砌施作的施工方法，所形成的结构即为管幕支护结构。管幕预筑结构（图 2-2）与管幕支护结构的本质区别为：传统管幕工法中，钢管幕只用来对地层进行预加固或预支护，并不作为主体结构使用；管幕预筑工法本质上是传统管幕工法的一种改进，该工法所形成的管幕除作为土方开挖的超前支护外，又作为地下空间的主体结构，将支护结构与主体结构合二为一。

图 2-1　传统管幕支护结构　　　　　　　　　图 2-2　管幕预筑结构

按照结构断面形式的不同，管幕预筑结构可分为与隧道工程常用断面相同的拱形断面，以及空间利用率较高的类矩形断面，如图 2-3 所示。管幕预筑结构施工过程中，首先预筑管幕主体结构，随后在预筑结构的保护下，内部土体可全断面开挖。因此，采用该工法有利于机械化作业，可简化施工工序；在导洞过多时，可有效地避免在各导洞开挖过程中，地层被多次扰动而引起地表沉降较大的问题。拱形断面和类矩形断面管幕预筑结构均具有地表沉降控制效果好的优点。

a）拱形断面　　　　　　　　　　　　b）类矩形断面

图 2-3　管幕预筑结构断面形式

由于城市土地资源紧缺，虽然目前城市地下空间开发处于初期阶段，但对于地下空间资源的规划利用也应充分考虑空间利用率及可持续发展问题。为减少引线长度，降低工程造价，城市地下工程应尽量采用较小的覆土深度；考虑建筑限界要求，地下结构所需跨度远大于高度，若采用传统隧道的拱形或圆形断面，会造成不必要的空间浪费。因此，具有空间利用率高、浅覆土施工等优势的大跨类矩形断面结构日渐受到人们关注。为满足地下大跨结构对横向刚度的要求，传统类矩形断面结构一般采用施作中隔墙的方法来增加结构的整体刚度，采用施工步骤繁杂的导洞法进行施工，未能完全利用大跨类矩形断面结构的内部空间，并且加大了施工难度。管幕预筑结构作为一种新型地下结构，具有较大的整体刚度，作为地下大跨结构使用时，可不设置中柱或中隔墙，空间利用率更高，较传统隧道施工方法更适合类矩形断面。

综上所述，当仅考虑地表沉降或周边环境影响要求时，拱形断面和类矩形断面管幕预筑结构均可选用；当考虑空间利用率要求时，推荐选用类矩形断面管幕预筑结构。

结构承载能力试验研究一般采用构件试验开展，管幕预筑结构构件包括变截面构件和恒截面构件（图2-4），研究重点在于连接件的设置对相对受拉侧及相对受压侧钢板的影响，其中相对受拉侧主要研究钢板与混凝土的界面滑移，相对受压侧主要研究钢板屈曲对承载能力的影响。

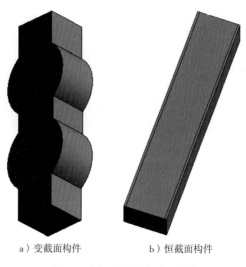

a）变截面构件　　　　　　　b）恒截面构件

图 2-4　变截面构件和恒截面构件

 等截面受压构件力学性能研究

管幕结构构件为双钢板—混凝土结构，是一种采用钢板代替受力钢筋外包于混凝土而形成的组合结构，构件截面中间为混凝土，内外两侧均为钢板。两侧钢板主要承受拉力，并对内部混凝土有一定的约束作用，且能够抗渗、抗裂；内部混凝土主要承受压力，并对钢板起到很强的约束作用，防止钢板失稳。弥补了传统钢筋混凝土结构受拉侧混凝土易开裂、导致钢筋锈蚀、耐久性降低的缺点，同时较钢筋混凝土结构具有更高的承载能力，具有优越的力学性能。地面工程中，双钢板—混凝土组合构件主要为墙式构件或梁式构件，现有研究成果主要针对构件的受弯、轴压、压弯及受剪性能，对于偏压性能的研究鲜见报道，因此有必要对双钢板—混凝土等截面偏压构件的受力机理和破坏模式进行深入研究，为形成合理的管幕预筑结构设计方法提供理论借鉴。

2.2.1　理论研究

1）界面滑移

（1）基本假定

通过收集实际工程中管幕预筑板系结构的实测数据可知，此类地下结构构件在使用荷载下，两侧钢板处于弹性工作状态，受拉混凝土开裂退出作用，受压混凝土的压应变处于应力—应变曲线的直线上升阶段。故在分析时，将其作为弹性体考虑，并作如下基本假定：

①两侧钢板与受压区混凝土均为各向同性的弹性体，不考虑受拉区混凝土的抗拉作用。

②变形前后，双钢板混凝土偏压构件中两侧钢板和中间的混凝土截面具有相同的曲率并分别符合平截面假定，变形后都垂直于构件的轴线。

③水平剪力正比于钢板与混凝土的相对水平位移差（即滑移量）。忽略任何界面法线方向上的掀起对组合结构的影响，认为两者沿法线方向上的变形一致。

④不考虑二阶效应。

（2）公式推导

双钢板混凝土偏压构件的简化受力模型如图 2-5 所示。两侧作用有偏心距为 e 的轴向压力 N，沿梁整个高度 L 的弯矩为 $M = Ne$，坐标系以受压构件的顶部为原点。偏心压力作用下的双钢板混凝土构件微段变形模型如图 2-6 所示。

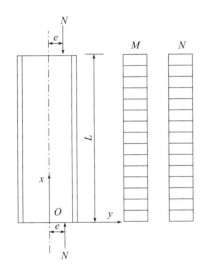
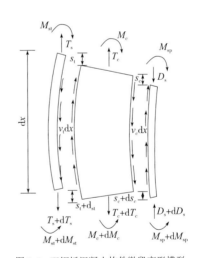

图 2-5　双钢板混凝土偏压构件的
简化受力模型

图 2-6　双钢板混凝土构件微段变形模型

由假设③可以得到：

$$bv=Ks \tag{2-1}$$

式中：b——抗剪连接件间距；

　　　v——钢与混凝土交界面单位长度上的水平剪力；

　　　K——抗剪连接件的刚度（K_t 或 K_c）；

　　　s——相对滑移（s_t 或 s_c）。

由 $\sum F_x=0$ 可得：

$$\frac{\mathrm{d}T_{\mathrm{s}}}{\mathrm{d}x} = -v_{\mathrm{t}} \tag{2-2a}$$

$$\frac{\mathrm{d}D_{\mathrm{s}}}{\mathrm{d}x} = -v_{\mathrm{c}} \tag{2-2b}$$

$$\frac{\mathrm{d}T_{\mathrm{c}}}{\mathrm{d}x} = v_{\mathrm{t}} - v_{\mathrm{c}} \tag{2-2c}$$

分别对受拉、受压钢板和中间混凝土单元下侧形心取矩，并在方程两侧同时除以 $\mathrm{d}x$，可以得到：

$$\frac{\mathrm{d}M_{\mathrm{st}}}{\mathrm{d}x} = \frac{v_{\mathrm{t}}h_{\mathrm{st}}}{2} \tag{2-3a}$$

$$\frac{\mathrm{d}M_{\mathrm{sp}}}{\mathrm{d}x} = \frac{v_{\mathrm{c}}h_{\mathrm{sc}}}{2} \tag{2-3b}$$

$$\frac{\mathrm{d}M_{\mathrm{c}}}{\mathrm{d}x} = \frac{h_{\mathrm{c}}}{2}(v_{\mathrm{c}} + v_{\mathrm{t}}) \tag{2-3c}$$

式中：h_{c}、h_{st}、h_{sc}——分别为混凝土、受拉侧钢板及受压侧钢板的截面高度。

将式（2-3a）~式（2-3c）相加，则：

$$\frac{\mathrm{d}M_{\mathrm{st}}}{\mathrm{d}x} + \frac{\mathrm{d}M_{\mathrm{sp}}}{\mathrm{d}x} + \frac{\mathrm{d}M_{\mathrm{c}}}{\mathrm{d}x} = \frac{\mathrm{d}M}{\mathrm{d}x} = \frac{v_{\mathrm{t}}}{2}(h_{\mathrm{st}} + h_{\mathrm{c}}) + \frac{v_{\mathrm{c}}}{2}(h_{\mathrm{sc}} + h_{\mathrm{c}}) = 0 \tag{2-4}$$

$$\frac{s_{\mathrm{c}}}{s_{\mathrm{t}}} = -\frac{b_{\mathrm{c}}K_{\mathrm{t}}(h_{\mathrm{st}} + h_{\mathrm{c}})}{b_{\mathrm{t}}K_{\mathrm{c}}(h_{\mathrm{sc}} + h_{\mathrm{c}})} \tag{2-5}$$

从式（2-5）可以看出，上下滑移量的比值为常数，令 $C = -\dfrac{b_{\mathrm{c}}K_{\mathrm{t}}(h_{\mathrm{st}} + h_{\mathrm{c}})}{b_{\mathrm{t}}K_{\mathrm{c}}(h_{\mathrm{sc}} + h_{\mathrm{c}})}$，可得：

$$s_{\mathrm{c}} = C s_{\mathrm{t}} \tag{2-6}$$

由假设②可得：

$$\varphi = \frac{M_{\mathrm{st}}}{E_{\mathrm{st}}I_{\mathrm{st}}} = \frac{M_{\mathrm{c}}}{E_{\mathrm{c}}I_{\mathrm{c}}} = \frac{M_{\mathrm{sp}}}{E_{\mathrm{sc}}I_{\mathrm{sc}}} \tag{2-7}$$

将式（2-5）代入式（2-4）便有：

$$\frac{\mathrm{d}\varphi}{\mathrm{d}x} = 0 \tag{2-8}$$

通过计算受拉及受压界面两侧纤维的拉压应变值，得到两界面上的相对滑移应变 ε_{t} 和 ε_{c}，并分别求导，经整理可得：

$$\varepsilon_{\mathrm{t}}' = s_{\mathrm{t}}'' = \alpha_1 s_{\mathrm{t}} + \beta_1 s_{\mathrm{c}} \tag{2-9}$$

$$\varepsilon_{\mathrm{c}}' = s_{\mathrm{c}}'' = \alpha_2 s_{\mathrm{t}} + \beta_2 s_{\mathrm{c}} \tag{2-10}$$

其中，$\alpha_1 = \dfrac{K_{\mathrm{t}}}{b_{\mathrm{t}}}\left(\dfrac{1}{E_{\mathrm{st}}A_{\mathrm{st}}} + \dfrac{1}{E_{\mathrm{c}}A_{\mathrm{c}}}\right)$，$\beta_1 = -\dfrac{K_{\mathrm{c}}}{b_{\mathrm{c}}E_{\mathrm{c}}A_{\mathrm{c}}}$，$\alpha_2 = -\dfrac{K_{\mathrm{t}}}{b_{\mathrm{t}}E_{\mathrm{c}}A_{\mathrm{c}}}$，$\beta_2 = \dfrac{K_{\mathrm{c}}}{b_{\mathrm{c}}}\left(\dfrac{1}{E_{\mathrm{sc}}A_{\mathrm{sc}}} + \dfrac{1}{E_{\mathrm{c}}A_{\mathrm{c}}}\right)$。

式中：E_{st}、A_{st}、h_{st}——分别为受拉侧钢板的弹性模量、面积、截面高度；

E_{c}、A_{c}、h_{c}——分别为混凝土的弹性模量、面积、截面高度；

E_{sc}、A_{sc}、h_{sc}——分别为受压侧钢板的弹性模量、面积及截面高度。

将式（2-6）代入式（2-9），得：

$$s_{\mathrm{t}}'' = (\alpha_1 + \beta_1 C)s_{\mathrm{t}} \tag{2-11}$$

令 $\alpha_1 + \beta_1 C = \gamma^2$，可得此方程解为：

$$s_{\mathrm{t}} = Ae^{\gamma x} + Be^{-\gamma x} \tag{2-12}$$

根据构件的边界条件，确定 A、B 值，即可得到沿构件高度方向界面滑移应变及滑移量的分布。

（3）边界条件

实际工程中，构件端部可能出现多种端部约束形式。当构件端部为刚臂形式时，外荷载同时施加在了两侧钢板及中间混凝土上，如图 2-7a）所示；当构件端部不存在刚臂时，外荷载可能并未直接施加在全部材料上，需要通过界面连接件使两侧钢板与混凝土共同受力，如图 2-7b）所示（坐标原点定在构件最下部截面上）。

针对图 2-7a）的试件，沿构件高度 s_{t}' 为常数，即在任意截面处 $s_{\mathrm{t}}'' = A\gamma^2 e^{\gamma x} + B\gamma^2 e^{-\gamma x} = 0$，同时有：

$$s_{\mathrm{t}}\big|_{x=0} = 0 \tag{2-13}$$

求得 $A=B=0$，$s_{\mathrm{t}}=0$，即当偏心压力（N 和 $M = Ne$）同时作用在构件端部的截面上时，不存在界面滑移，连接件上没有剪力存在。

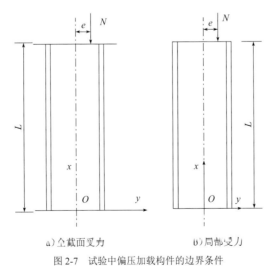

a）全截面受力　　　　　　　b）局部受力

图 2-7　试验中偏压加载构件的边界条件

（4）连接件设置

虽然上节推导得出了在偏压荷载作用下，连接件上不存在剪力的结论，但这并不标志着在管幕预筑结构在承受偏压荷载时，不需要设置连接件。这是因为：

①上述推导过程是在三个基本假定下完成的，其中，第二条基本假定为，在变形前后，两侧钢板和中间混凝土截面具有相同的曲率。在设置了连接件的前提下，该假定可以成立；若不设置连接件，该假定不一定成立。

②上述结论是在全截面共同承受偏压荷载的工况下得出的，也即是需将 N 和 Ne 共同传至两侧钢板和中间混凝土上，但实际结构中，与围岩直接接触、承受围岩压力的是外侧（紧靠围岩一侧）钢板，然后才传至内部混凝土和内侧（远离围岩一侧）的钢板，如果不设置连接件，外力产生的弯矩和轴力可能并不是共同作用在两侧钢板及中间核心混凝土上，轴力也不是按照截面抗压刚度、以压应力相等为原则分配的，这时候，必然会存在截面滑移，需要设置连接件保证两侧钢板与混凝土共同参与受力。

在各种可能的状态中，如图 2-7b) 所示，N 仅作用在中间的混凝土上，两侧钢板没有内力作用的状态，所需设置连接件的数量将会是最多的。据此可得出为保证在管幕预筑结构中两侧钢板与混凝土形成组合作用、共同参与受力所需的栓钉设置。

取单根连接件考虑，ε_s 为不考虑两侧钢板时，钢筋混凝土构件边缘纤维应变，理论上，可根据钢筋混凝土规范求得。但在钢板混凝土构件中，根据第一条基本假定，材料处于弹性阶段，而无论是大偏心还是小偏心，构件中的受压侧钢筋均是可以达到屈服的，故 ε_s 最大值为 $\varepsilon_s = \varepsilon_y$，为保证一根连接件周围的附属面积（$b \times b$）上，钢板纤维产生同样大小的应变，需要由连接件传递大小为 $\varepsilon_s E_a b^2 t$ 的力，因此，剪力传递能力应满足下列要求：

$$\varepsilon_s E_a b^2 t \leqslant \lambda f_{stu} A_{st} L_d \tag{2-14}$$

式中：E_a、t——分别为钢板弹性模量及厚度；

$\quad\quad A_{st}$——栓钉钉杆的截面积；

$\quad\quad f_{stu}$——栓钉的极限抗拉强度；

$\quad\quad \lambda$——栓钉应力折减系数，建议取值为 0.75；

$\quad\quad L_d$——传递长度，不应超过 3 倍的钢板混凝土结构构件截面厚度。

故式（2-14）可以写成：

$$b \leqslant \sqrt{\frac{0.75 f_{stu} A_{st} L_d}{\varepsilon_y E_a t}} \tag{2-15}$$

2）截面承载力

双钢板混凝土偏压构件中，当两侧可以形成刚臂时，截面两侧钢板与中间混凝土便可共同参与受力，其作用机理与钢筋混凝土偏压构件受力相似，因此，基于钢筋混凝土偏压构件承载力公式，提出荷载同时作用在整个双钢板混凝土柱构件时偏压承载力计算公式。

$$N \leqslant \alpha_1 f_{ctd} bx + f_y' A_s' + f' A_{pnc} - \sigma_s A_s + \sigma_b A_{pnl} \tag{2-16}$$

$$Ne \leqslant \alpha_1 f_{\mathrm{ctd}} bx \left(h_0 - \frac{x}{2} \right) + f_y' A_s' (h_0 - a_s') + f_y' A_{\mathrm{pnc}} (h - t_{\mathrm{bc}}) \qquad （2\text{-}17）$$

$$e = e_i + \frac{h}{2} - a \qquad （2\text{-}18）$$

$$e_i = e_0 + e_a \qquad （2\text{-}19）$$

式中：　　α_1——与混凝土强度等级有关的系数，当混凝土强度等级不超过 C50 时 α_1 取

　　　　　　1.0，当混凝土强度等级为 C80 时 α_1 取 0.94，其间按线性内插法确定；

f_{ctd}、f_y' 和 f' ——分别为混凝土、钢筋及钢板的抗压强度设计值；

　　　　　　b——截面宽度，取 1000mm；

　　　　　　x——混凝土受压区高度；

A_s'、A_s——分别为受压区及受拉区纵向钢筋截面面积；

　　　　A_{pnc}——单位宽度钢板混凝土构件受压侧钢板净截面积；

　　　　　σ_s——受拉边或受压较小边的纵向钢筋应力；

　　　　　σ_b——受拉区钢板应力；

　　　　A_{pn1}——受拉区钢板面积；

　　　　　e——轴向压力作用点至纵向受拉钢筋合力点的距离；

　　　　　h——截面高度；

　　　　　h_0——截面有效高度；

　　　　　t_{bc}——受压钢板厚度；

　　　　　e_i——初始偏心距；

　　　　　a——纵向受拉钢筋和受拉钢板的合力点至截面近边缘的距离；

　　　　　e_0——轴向压力对截面重心的偏心距，取为 M/N；

　　　　　e_a——附加偏心距。

σ_s 和 σ_b 按以下方法计算：

（1）当 $\xi \leqslant \xi_b$ 时为大偏心受压构件，取 σ_s 为受拉钢筋抗拉强度设计值 f_y，σ_b 为受拉钢板抗拉强度设计值 f。此处，ξ 为相对受压区高度，取为 x/h_0。

（2）当 $\xi > \xi_b$ 时为小偏心受压构件，σ_s 和 σ_b 按下列公式计算：

$$\sigma_s = \frac{f_y}{\xi_b - \beta_1} \left(\frac{x}{h_0} - \beta_1 \right) \qquad （2\text{-}20）$$

$$\sigma_b = \frac{f}{\xi_b - \beta_1} \left(\frac{x}{h_0} - \beta_1 \right) \qquad （2\text{-}21）$$

式中，当混凝土强度等级不超过 C50 时，β_1 取 0.8；当混凝土强度等级为 C80 时，β_1 取 0.74；其间按线性内插法确定。

3）荷载—应变全过程曲线

双钢板混凝土偏压构件中，即使钢板与混凝土之间不采取任何连接措施，若结构构件全截面共同承受 M 和 N，两种材料可共同工作，类似于钢混凝土组合梁中的组合构件。为研究此类结构构件的受力性能，采用基于纤维模型的截面分析法，考虑材料非线性，编制程序计算分析双钢板混凝土偏压组合构件截面的轴力（N）、弯矩（M）和最大应变（ε_{max}）的关系，得到对应不同偏心距下构件截面上的荷载变形全过程曲线。计算流程如图 2-8 所示。

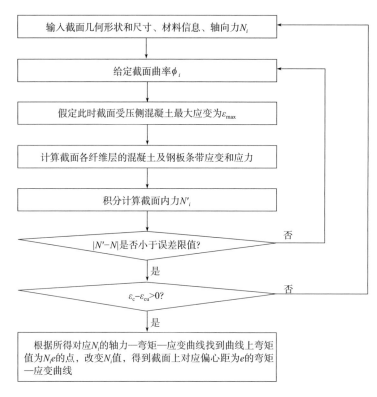

图 2-8　构件截面荷载—应变关系计算流程图

计算组合构件的轴力、弯矩和最大应变关系时，采用的基本假定为：

（1）同一截面上的钢板、钢筋和混凝土单元具有相同的转角和曲率，并符合平截面假定，变形后截面均垂直于构件轴线。

（2）不考虑受拉区混凝土抗拉能力。

（3）不考虑钢板、钢筋和混凝土之间的掀起。

根据上述假定，截面的应变、应力分布如图 2-9 所示，计算得出的荷载—应变全过程曲线与试验结果对比如图 2-10 所示。但由于试验中，顶部牛腿并非刚臂，实际荷载并未传至构件工作区段整个截面，存在界面滑移，因此，实际测得的截面应变略大于计算值，计算结果与试验数据基本吻合。

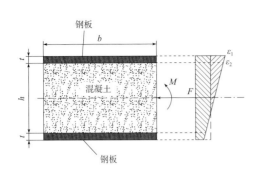

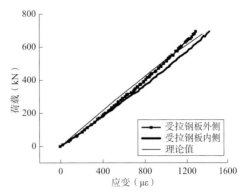

图 2-9　截面应变分布　　　　　图 2-10　试验及理论荷载—应变全过程曲线

2.2.2　试验研究

1）试验概况

（1）试件设计及制作

对于钢筋混凝土构件，钢筋与混凝土通过两者之间的锚固作用共同受力，成为一个整体，此类构件的偏压试验研究中，不同端部处理方式对试验结果影响较小，如端部设置柱帽或设计成牛腿的形式，端部加载板尺寸可等于或小于截面高度，这些处理方式对试件工作区段受力性能的影响均可忽略不计。

双钢板混凝土构件中，不同的端部处理方式会导致荷载施加方式的不同，进而产生不同的试验结果。图 2-11 所示为五种不同的处理方式。图 2-11a）和图 2-11b）处理方式相同，将荷载施加在三者中的一部分上，通过连接件带动其余部分共同受力，可以用来计算界面剪力传递长度，实际应用为当钢板因实际需求而局部切开时，加强配筋的范围研究。图 2-11c）~ e）所示处理方式本质上相同，两侧钢板和中间混凝土同时受力。当全截面受压时，图 2-11c）、d）所示两种端部处理方式可以将荷载作用在两侧钢板和中间混凝土上；但当偏心距较大、构件受拉侧出现拉应力时，由于加载板只能传递压力，无法传递拉力，图 2-11c）、d）本质上就与图 2-11a）、b）相同了，仅仅将荷载作用在了一部分材料上（受压钢板和混凝土上）。图 2-11e）所示处理方式是针对图 2-11c）、d）的上述问题而设计的，该端部处理方式中设置了护套，且在护套的四面都用螺栓将构件侧面顶紧，可以通过护套向受拉钢板施加压力，增加了柱帽范围内受拉钢板与混凝土间的摩擦力，当螺栓的顶紧力为 0 时，与图 2-11d）所示的加载板相同，随着侧向顶紧压力的增大，端部钢板与混凝土共同作用程度增大，极限情况为形成长度等于柱帽深度的刚性臂。

试验设计时，应根据不同的试验目的，采用不同的端部处理方式。研究双钢板混凝土构件共同承受偏压荷载且全截面受压，连接件对构件受力性能的影响时，可采用如图 2-11c）所示带牛腿的端部约束形式；研究荷载仅作用在一部分材料上，相对受拉侧钢板出现拉应力条件下，构件的受力性能及连接件设置时，可采用如图 2-11e）所示带柱帽的端部约束形式。本研究对上述两种约束情况进行了试验。

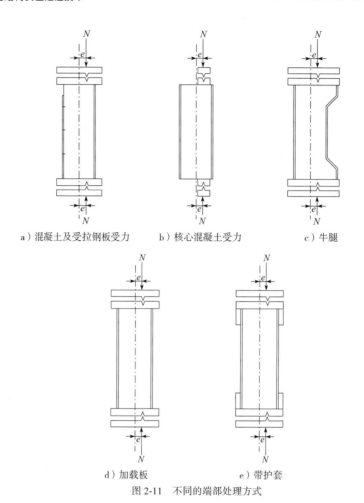

a) 混凝土及受拉钢板受力　　b) 核心混凝土受力　　c) 牛腿

d) 加载板　　　　　e) 带护套

图 2-11　不同的端部处理方式

　　以偏心距和连接件布置为参数，设计制作 3 个具有相同尺寸的双钢板—混凝土组合偏压试件，根据试验室加载设备的量程，并结合现有偏压试验相关研究，初步选定试件的形状及相关参数取值见图 2-12 和表 2-1，试件工作段长度为 300mm，上下两端均设置牛腿，加强牛腿处配筋，并在牛腿范围内，将钢板与混凝土用加密的连接件连接，使得构件工作段各截面均处于全截面共同受力的状态。

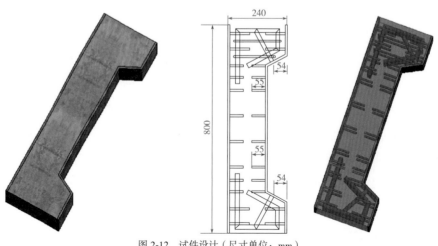

图 2-12　试件设计（尺寸单位：mm）

试件基本设计参数（单位：mm）　　　　　表 2-1

试 件 编 号	l	$b \times h$	t	e	e/h
WSD	800	120×160	8	40	0.25
DSD	800	120×160	8	40	0.25
SSD	800	120×160	8	60	0.375

注：1.WSD 代表双钢板无栓钉组合柱；DSD 代表双钢板单侧（受压）栓钉组合柱；SSD 代表双钢板双侧栓钉组合柱。

　　2. 表中 l 表示试件长度，b 表示试件截面宽度，h 表示试件截面高度，t 表示钢板厚度，e 表示偏心距。

　　现有双钢板混凝土结构中出现了多种连接件形式，如栓钉、对拉钢筋（Bi-steel）、角钢连接件、J 形钩、钢隔板、螺栓等，其中应用最广泛的是栓钉和对拉钢筋，现有研究表明，同一排连接件位置处，栓钉的应变较对焊钢筋应变大，即传递钢板和混凝土界面处剪力的主要是栓钉，本节主要介绍构件的偏压性能，栓钉的作用主要是抵抗界面滑移，故采用栓钉作为连接件。

　　试件栓钉布置参数见表 2-2，表中 d 为栓钉直径，l_s 为栓钉长度，s_a 为工作段栓钉纵向间距，s_b 为栓钉横向间距。钢板材质为 Q345，混凝土强度等级为 C35，实测钢板屈服强度为 309MPa，极限强度为 460MPa，混凝土立方体抗压强度为 35.7MPa，轴心抗压强度为 23.9MPa。

试件栓钉布置参数（单位：mm）　　　　　表 2-2

试件编号	受压侧钢板				相对受拉侧钢板			
	d	l_s	S_a	S_b	d	l_s	S_a	S_b
WSD	—	—	—	—	—	—	—	—、
DSD	8	55	100	86	—	—	—	—
SSD	8	55	100	86	8	55	100	86

试件制作过程为：

①按设计尺寸加工相对受拉及受压侧钢板。

②在钢板指定位置焊接栓钉，并在测点位置粘贴应变片，安装顶底侧木模板，如图 2-13a）、b）所示。

③按试配出的混凝土配合比进行混凝土拌和，浇筑混凝土形成整体并在标准条件下养护，粘贴混凝土应变片，如图 2-13c）、d）所示。

a) 焊接栓钉　　　　b) 安装木模　　　　c) 浇筑混凝土　　　　d) 粘贴混凝土应变片

图 2-13　试件制作

（2）试件加载方案

试验在石家庄铁道大学地下工程实验室采用 300t 压力试验机完成，试验加载装置如图 2-14 所示。在正式加载之前，先进行预加载，正式加载采用分级加载，在加载至预估荷载的 50% P_{max} 之前，按照每级 10%P_{max} 加载，试验每级持荷的时间为 10min；在裂缝发展稳定并进行相关记录后，进行下一级加载；之后，按照每级 5%P_{max} 进行加载，直至试件发生破坏。

试验的测量数据包括荷载值、同一截面上混凝土及钢板应变、试件的挠度。位移计及应变片测点布置如图 2-15 所示，测量试验柱工作区段截面上的应变分布，在混凝土上粘贴 4 个混凝土应变片，同样高度钢板的中间位置内、外两侧各粘贴一个应变片。

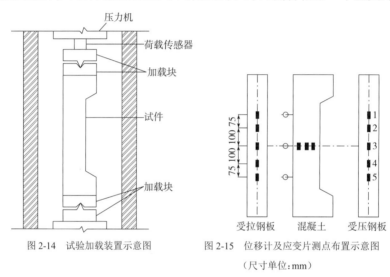

图 2-14　试验加载装置示意图　　　图 2-15　位移计及应变片测点布置示意图

（尺寸单位：mm）

采用非接触式光学三维（3D）应变测量系统测量界面滑移及跨中挠度。如图 2-16 所示，散斑点 P_0 位置最靠近受拉侧，P_1 和 P_2 点分别位于界面两侧且非常靠近界面的钢板和混凝土上，采用 DIC 技术测量 P_0 点的水平位移，所得结果即为构件的跨中挠度，测量 P_1、P_2 点的水平位移和竖向位移，两点的竖向位移差即为滑移，水平位移差即为界面剥离。

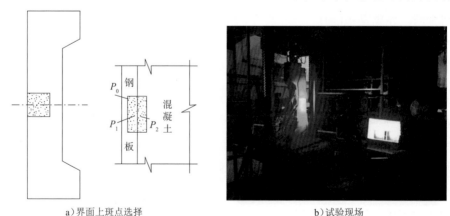

a）界面上斑点选择　　　　　　　　b）试验现场

图 2-16　非接触式光学 3D 应变测量系统

2）试验结果及分析

（1）试验现象及破坏形态分析

WSD 试件加载至 50kN 时，试件发出"沙沙"声响，上部牛腿受压侧钢板与混凝土之间出现微裂缝。加载至 473kN 时，上部牛腿与工作段结合处下方的受压区出现竖向微裂缝，并快速向下发展；加载至 520kN 时，试件受压区的竖向裂缝继续增加，相对"受拉"区混凝土没有明显变化。荷载继续增加，试件距离顶部 300mm 的截面受压区与钢板接触的混凝土表面出现少量起皮、脱落现象。此后裂纹不断开展延伸，加载至 670kN 时，试件整个工作区段受压侧钢板与混凝土相交界面上，混凝土不断脱落 [图 2-17a)]；加载至 691kN 时构件承载力下降，此时受压区混凝土并没有立刻压碎。这是由于钢板对混凝土有一定的约束作用，混凝土没有直接剥落，随着加载的进行，试件发出"沙沙"的声音，试件表面的混凝土逐步剥落；荷载下降到 670kN 时，停止加载。表现为明显的小偏心受压破坏特征。DSD 试件与 WSD 试件破坏过程基本相似，均为脆性破坏，主要区别为 DSD 试件的裂缝总体上更为均匀，且宽度较小。

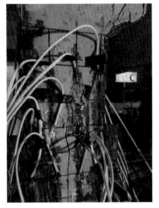 

a）小偏压破坏　　　　　　　　　　b）牛腿破坏

图 2-17　试件破坏形式

SSD 试件加载至 150kN（最大荷载的 30%）时，试件顶部牛腿范围内出现竖向微裂纹；加载至 250kN 时，竖向微裂缝继续发展，上、下牛腿相同位置均出现竖向裂缝；加载至 300kN 时，牛腿顶部混凝土保护层开始出现压酥的迹象，此后竖向裂缝继续向下延伸 [图 2-17b)]；加载至 377kN 时，上部垫板呈现两边向上凸起的形状，下部垫板两侧则向下凸起；加载至 425kN 时，上下垫板的变形已非常明显，上部垫板与加载板相接触；加载至 441kN 时，正面牛腿范围内混凝土压碎脱落；加载至 448kN 时，背面裂缝加宽，周围混凝土压碎，出现加不上荷载的现象，试验结束。整个加载过程中，由于上下垫板较薄，荷载没能向柱身传递，柱身无法形成弯矩作用，试件本质上为牛腿的剪切破坏，破坏现象主要出现在牛腿范围内。由于钢板厚度较大，DSD、WSD 及 SSD 三个试件均未出现钢板屈曲的现象。

（2）荷载—变形曲线

试件加载到极限荷载后，移开电荷耦合器件摄像机（CCD 摄像机），避免试件破坏对摄像机造成损伤，试验数据只记录到试件达到极限荷载时的位移，最终三个试件的荷载—

变形曲线如图 2-18 所示。从图中可以看出，总体上，三个试件均呈现出脆性破坏的特征，在达到峰值荷载后，荷载突然降低，延性较差。图 2-18a）所示为具有相同偏心距的 WSD 试件与 DSD 试件曲线对比，两试件在无明显屈曲的情况下，截面承载力和刚度基本一致，最大荷载相差仅为 5%。图 2-18b）偏心距为 60mm，两侧均布置了栓钉试件曲线，由于该试件本质上是牛腿在发生破坏，所以曲线呈现出的趋势并不符合常规构件的荷载变形规律，不具有参考价值。

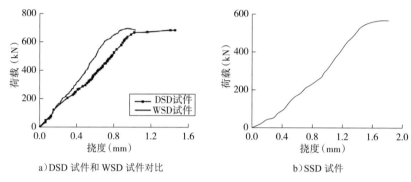

a）DSD 试件和 WSD 试件对比   b）SSD 试件

图 2-18   各试件的荷载—变形曲线

（3）截面应变分布

为确定试件截面上的应变分布，在侧面同一高度上粘贴了应变片，测得三个试件的应变分布如图 2-19 所示，图中最左侧和最右侧两个点为相应一侧钢板内侧、外侧上的测点。

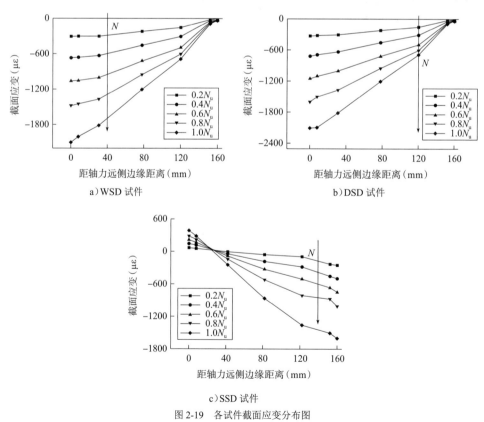

a）WSD 试件   b）DSD 试件

c）SSD 试件

图 2-19   各试件截面应变分布图

从截面应变图中可以看出，在加载过程中，三个试件的应变整体上符合平截面假定，钢板与混凝土基本能够保持变形协调。但受拉侧与受压侧符合平截面的程度略有不同：

①在受压侧，三个试件均能较好地符合平截面，即在不发生屈曲的前提下，受压侧有无栓钉，钢板均与混凝土共同受力。

②未设置受拉侧栓钉的WSD、DSD试件，受拉侧钢板上的应变略小于平截面假定的值，且随着荷载的增大，应变值整体变化不大；设置受拉栓钉的SSD试件可以很好地符合平截面假定，这主要是因为加载时，为保证荷载可传至整个构件（两侧钢板及中间混凝土）上，在试件端部放置了加载板，该加载板平放在试件端部，可传递压力，但无法传递拉力，同时考虑试件制作误差，在实际加载过程中，端部弯矩和轴力并未完全传递至受拉钢板，不能保证试件两侧钢板及中间混凝土按照理想偏压构件共同承受偏压荷载，两侧钢板设置栓钉的SSD试件中，栓钉在受力过程中发挥了重要作用，保证了三者之间的共同工作。上述试验表明，对于钢板混凝土偏压构件，受拉侧设置连接件十分必要。

（4）荷载—界面滑移分析

WSD试件相对受拉区的荷载—滑移曲线如图 2-20a）所示。从图中可以看出，加载初期，滑移量随荷载缓慢增加，加载至 400kN 之前，滑移量仅为 0.01mm，此后滑移量增加较快，该结果与图 2-19 所示截面应变分布中，受拉侧钢板上的应变略小于平截面假定的值，且整个加载过程中应变值整体变化的结果一致。

图 2-20b）为偏心距为 60mm 的 SSD 试件远离偏心距一侧（受拉侧）的荷载—滑移曲线。从图中可以看出，试件的加载至 30kN 时，受拉侧钢板与混凝土之间滑移在较小荷载下快速增大，这主要是因为 SSD 试件在远离轴力的一侧为受压侧，由于加载板无法传递拉力，仅将荷载传至混凝土和受压钢板，受拉侧钢板受到的外部荷载很小，另外传感器、加载板、试件之间存在间隙，因此加载初期滑移较大。随着荷载的增大，连接件将荷载传至受拉钢板，滑移刚度增大，最初的界面滑移主要由受拉侧混凝土与钢板之间的化学黏结力抵抗，继续加载至约 150kN 后，滑移刚度再次增大，其原因是此时的化学黏结作用破坏，栓钉发挥抗剪作用，另外由于该试件的破坏主要发生在牛腿部位，因此在加载中后期，$l/2$ 位置未能出现较大滑移。

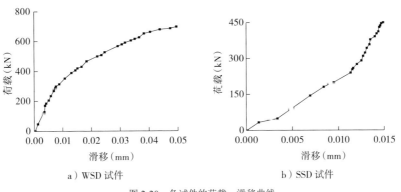

a）WSD 试件　　　　　　　b）SSD 试件

图 2-20　各试件的荷载—滑移曲线

通过 WSD 试件与 SSD 试件远离轴向力的一侧钢板与混凝土之间的滑移曲线对比可知，此类双钢板混凝土偏压试件，由于外荷载很难保证共同施加于整个截面上，无论是整个的加载过程中处于全截面受压的 WSD 试件，还是布置了栓钉的 SSD 试件在"相对受拉侧"均产生了一定的截面滑移。SSD 试件滑移量较 WSD 滑移量小 50% 以上，也可以说明栓钉在试件中发挥了作用。此外，两试件均未出现界面剥离现象。

2.2.3　数值模拟分析

1）模型验证

采用有限元软件 ANSYS 建立试验试件的数值模型，通过将数值结果与试验结果进行

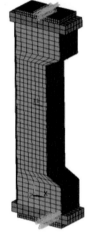

对比，验证所建立的模型。模型中，选用壳单元 Shell181 模拟试件两侧钢板，采用 Solid185 单元模拟钢板间的混凝土。钢板与混凝土之间的相互作用采用接触单元 Conta173 和 Targe170。采用 Combin39 单元模拟钢板与混凝土之间的抗滑移栓钉（图 2-21）。

在柱子下端偏心距的位置施加 X、Y、Z 方向位移的约束，柱下端是可以转动的；在柱的上端偏心距的位置施加 X、Z 方向的位移约束，在 Y 方向施加竖向位移，进行位移加载。

采用德鲁克—普拉格混凝土模型（Drucker-Prager Concrete，简称 DPC 模型）模拟混凝土的应力—应变关系曲线。DPC 模型是在冯·米塞斯理论（von Mises 理论）和莫尔—库仑理论（Mohr-Coulomb 理论）

图 2-21　模型及边界
条件示意图

的综合和改进的基础上得到的，主要可反映混凝土抗拉和抗压行为相差较大的情况。DPC 模型本身可考虑拉伸、压缩、拉伸—压缩破坏情况，以及混凝土本构关系；还可与朗肯模型（Rankine 模型）或节理岩体模型（Jointed Rock 模型）结合计算混凝土结构的极限荷载。DPC 模型可考虑混凝土的硬化、软化和剪胀行为，硬化、软化和剪胀合称 HSD（Hardening, Softening and Dilatation），HSD 行为相当于混凝土材料的本构关系。HSD 用三段函数描述硬化函数与硬化变量的关系，曲线如图 2-22 所示。图中，k_{cm} 为单轴抗压强度峰值点塑性应变，k_{cu} 为幂曲线与指数软化曲线点塑性应变，Ω_{cr} 为剩余压缩相对应力，Ω_{cu} 为 k_{cu} 点的相对应力，Ω_{ci} 为开始硬化时的相对应力，Ω_{tr} 为剩余拉伸相对应力。

考虑试验中试件的钢板应变并没有达到强化阶段，因此，钢板的应力—应变关系采用理想弹塑性模型，选用双线性等向强化模型（Bilinear isotropic hardening, BISO）进行模拟，采用 von Mises 屈服准则。

弹簧的力—位移曲线采用根据 Ollaggrd 栓钉模型得到的栓钉剪力—滑移曲线，如图 2-23 所示。

建立试验试件的有限元模型，进行数值模拟，提取出试件的荷载—挠度曲线，并与试

验数据进行对比，结果如图 2-24 所示。

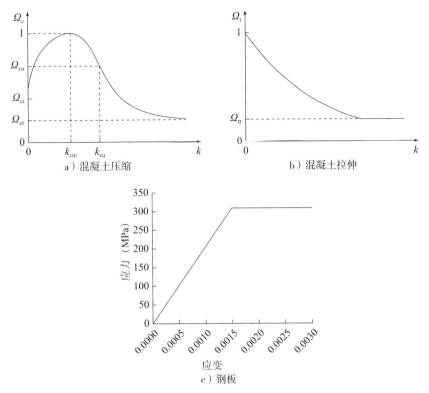

a）混凝土压缩　　　　　　　b）混凝土拉伸

c）钢板

图 2-22　混凝土钢板应力—应变曲线

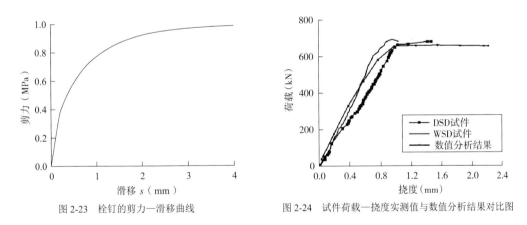

图 2-23　栓钉的剪力—滑移曲线　　　图 2-24　试件荷载—挠度实测值与数值分析结果对比图

　　从图 2-24 可以看出，数值模拟得到的试件荷载—挠度曲线与实测曲线走势基本一致，两者刚度相差不多，实测曲线的峰值荷载略大于有限元值。说明所建立的有限元模型可以比较准确地模拟实际构件。

　　2）参数分析

　　通过改变验证后模型中的参数，分析主要参数对构件受力性能的影响。

　　（1）端部约束形式影响分析

　　如前所述，构件端部约束的处理方式会直接影响荷载在构件相对受拉侧钢板、相对受

a）放置水平加载
或设置刚臂

b）柱帽

图 2-25 不同端部约束构件几何模型

压侧钢板及中部混凝土三部分上的分配，进而影响构件的受力性能。故选用钢板与混凝土界面上设置连接件、且端部不进行连接件加密的试件进行分析，加载端处理方式分别为放置水平加载板、将构件端部与刚度无穷大的刚臂完全刚接［图 2-25a）］以及带有水平加载板加四周护套的柱帽［图 2-25b）］三种形式，分别对应端部荷载可以仅作用在三种材料中的一部分上、同时施加在三部分上、荷载可以按照不同比例施加在三部分上三种情况。

以截面尺寸为 300mm×300mm 的试件为例进行计算，连接件间距为 160mm。通过计算可得，当偏心距小于 60mm 时，构件为全截面受压；偏心距大于 60mm 时，相对受拉侧会出现拉应力。对偏心距为 50mm 和 120mm 的构件进行分析，得到构件的荷载—位移曲线以及构件的变形图，如图 2-25 所示。

采用加载板及柱帽时，全截面受压时结果如图 2-26a）所示。由图可以看出，在不考虑钢板屈曲及失稳的情况下，三种端部约束形式的荷载位移曲线最大值几乎完全一致。说明在全截面受压构件中，端部约束形式对构件极限承载能力影响不大。这主要是因为加载板及刚臂的水平板是可以传递压力的，荷载同时传递到了三部分上，力在三种材料上的分配与刚臂形式的构件相同，而柱帽的护套虽会在与其接触的钢板上产生力，但是该作用并不会对护套范围内的截面承载力产生削弱作用，构件的承载力还是由工作区段控制，故其承载力不会发生变化。同时分析应力结果可知，三种情况下相对受压侧钢板均屈服，构件极限承载能力由受压侧钢板控制，而相对受拉侧钢板上压应力较小，且厚度相对混凝土较薄，对构件极限承载能力贡献相对较小。

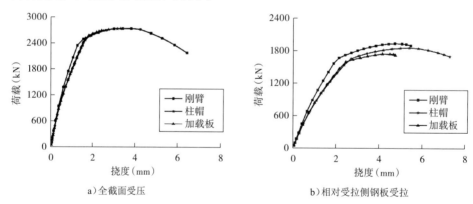

a）全截面受压

b）相对受拉侧钢板受拉

图 2-26 不同端部处理方式小偏压构件

图 2-26b）为相对受拉侧出现拉应力时三种端部处理方式对应的荷载—位移曲线。通过对比可以看出，三种端部处理方式下构件的荷载—位移曲线差别较大，其中设置刚臂的构件荷载—位移曲线最高，采用端部加载板时构件的荷载—位移曲线最低，采用柱

帽的结果介于两者之间。其主要原因是设置刚臂时，三种材料共同参与工作，此时的钢板相当于配置在钢筋混凝土中的钢筋，完全发挥作用，钢板与混凝土的界面滑移接近0，而采用端部加载板时，由于加载板与构件端部截面之间仅能产生压力，不能产生拉力，故荷载仅仅施加在了混凝土及相对受压侧钢板上，通过界面上的连接件或者摩擦力带动相对受拉侧钢板共同工作，在距离构件加载端某一高度范围内是界面滑移较大，该部分的截面对构件的承载能力起控制作用，而采用柱帽的形式时，四面的护套带动了受拉侧钢板受力，故受拉侧钢板对承载力有一定的贡献，但贡献值小于设置刚臂时。同时，采用加载板构件延性较差，其主要原因为荷载作用处混凝土被压碎，构件发生了局部破坏，而采用护套的构件首先在工作区段破坏，护套能很好地保护端部截面，避免构件发生局部破坏。

模型分析时，不考虑构件界面上钢板与混凝土的黏结作用，仅依靠所设置的连接件抵抗界面滑移，故取构件最终破坏阶段距离加载面较近的三排连接件上相对变形值，确定构件的界面滑移值，所得结果见表 2-3。从表中可以看出，在三种端部约束形式构件中，随着到构件加载端距离的增加，界面滑移均在逐渐减小。端部为加载板、柱帽、刚臂三种形式时，同一截面上界面滑移逐渐减小。端部为刚臂的构件界面滑移虽然很小，但并不为 0，与公式推导部分所得界面滑移为 0 的结论不符，其主要原因是理论推导是在材料处于弹性阶段的假定下完成的，且不考虑二阶效应。

栓钉所在位置的界面滑移值（单位：mm）　　　　　　　　　　　　表 2-3

与端部的距离	端 部 刚 臂	柱　　帽	加　载　板
190	0.031	0.1	0.16
350	0.025	0.097	0.12
510	0.01	0.05	0.055

（2）界面连接形式的影响分析

针对端部约束形式为加载板、护套、刚臂三种形式的构件，分别计算界面为完全组合、标准接触、设置间距为 160mm 的栓钉连接件，三种界面连接形式下构件的荷载—位移曲线，研究界面连接形式对构件受力性能的影响。所得结果如图 2-27 ～ 图 2-29 所示。

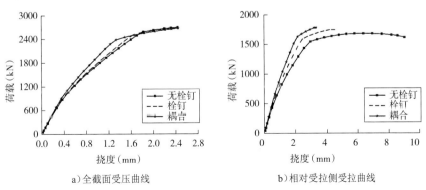

a）全截面受压曲线　　　　　　　　　b）相对受拉侧受拉曲线

图 2-27　加载板加载曲线

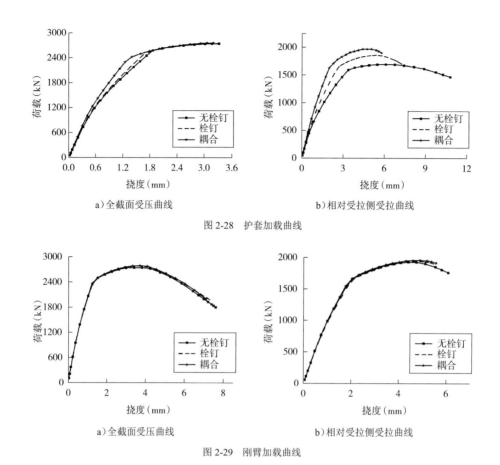

a）全截面受压曲线

b）相对受拉侧受拉曲线

图 2-28　护套加载曲线

a）全截面受压曲线

b）相对受拉侧受拉曲线

图 2-29　刚臂加载曲线

　　对比图 2-27a）～图 2-29a）可以看出，当全截面受压时，三种界面连接形式下构件的荷载—位移曲线相差不大，极限承载能力基本一致。当采用护套及加载板时，构件的前期侧向刚度略有不同，界面设置为合并重合节点时构件侧向刚度最大；采用标准接触时，构件侧向刚度最小；当设置连接件时，构件侧向刚度介于两者之间，说明在全截面受压构件中，端部为加载板和柱帽时，界面设置连接可以提高构件的刚度，而承载力影响不大。采用刚臂时，三种界面处理方式所得荷载—位移曲线几乎完全一致，也即是说当构件端部为刚臂、且不考虑受压侧钢板的屈曲时，即使不设置连接件，构件也能达到最大承载能力，与理论推导部分所得结果一致。

　　对比图 2-27b）～图 2-29b）可以看出，与全截面受压构件不同，当相对受拉侧出现拉应力时，采用加载板及柱帽，界面处理对构件的刚度及承载力均有很大的影响：当钢板和混凝土界面设置为合并重合节点时，构件承载能力及刚度最大；界面设置栓钉连接的构件次之；界面设置为标准接触时，构件承载能力及刚度均为最低。而且，采用加载板的构件延性很差，这同样是因为端部加载板仅能受压，不能受拉导致端部实际受压面积减小，混凝土被局部压碎。而采用刚臂形式的构件中在三种不同界面处理方式所得结果完全一致，与理论推导部分所得结果一致。

（3）偏心距影响分析

采用端部约束形式为柱帽的构件，界面处理方式分别为间距标准接触、间距 160mm 的连接件、完全组合，改变构件偏心率分别为 0.3（50mm）和 0.4（120mm）时，研究偏心距对构件受力性能的影响，所得结果如图 2-30 和图 2-31 所示。不加连接件和偏心率为 0.4 的构件，在柱顶为 0.8mm 时，受拉侧混凝土发生了较大变形，试件破坏，此时钢板没有发挥作用。

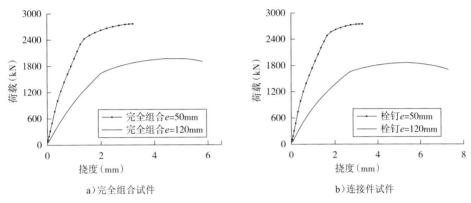

a）完全组合试件　　　　　　　　　　b）连接件试件

图 2-30　完全组合试件和连接件试件荷载—位移曲线

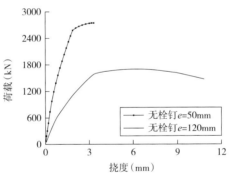

图 2-31　荷载—位移曲线

2.3 管幕结构受压构件力学性能研究

与地面双钢板—混凝土结构构件相比，管幕结构构件的截面是变化的，变截面部分外侧弧形钢板的受压刚度较平钢板小，且圆弧部分与平面部分相交处存在较大的截面突变，截面形式的变化必然会对构件的受力性能有影响。本节主要在上述等截面受压构件研究成果的基础上，对实际管幕结构构件受力性能进行研究，探究其受力机理，确定主要影响因素，给出将实际管幕结构构件承载力提高至同样配筋率的等截面钢筋混凝土构件的具体措施，提出承载能力计算公式。

2.3.1 轴压构件受力性能研究

VS01 ～ VS03、VS1 ～ VS6 管幕结构试件（表 2-4）由等截面钢板和圆钢管组成。表中试件 VS01 ～ VS03 为实际工程中的结构构件，两侧为直钢板与钢管焊接组成的钢构件，每两片相对的直钢板之间用四根、共两排空心钢管立柱对拉连接，两片钢构件之间浇筑混凝土［图 2-32a）］。所有试件总长度均为 810mm，等截面部分尺寸为 160mm×200mm，钢板厚度为 2mm，核心混凝土为 156mm×200mm。VS02 试件表示在数值计算时不考虑两侧钢板，按照纯混凝土构件进行模拟；VS03 试件指在数值模型中，将钢构件与混凝土在界面设置为合并重合节点，使钢材与混凝土共同工作。VS1 和 VS2 试件是在 VS01 试件圆弧范围内设置 3 排 6 根栓钉，直径分别为 2mm 和 6mm，栓钉长度均为直径的 8 倍。VS3 和 VS4 试件是在 VS01 试件圆弧范围内设置 3 排 6 根对拉钢筋，直径分别为 2mm 和 6mm ［图 2-32b）］。VS5 和 VS6 试件是圆弧范围内设置 5 排 10 根对拉钢筋，直径均为 6mm ［图 2-32c）］。

管幕预筑结构构件分组及数值模拟结果 　　表 2-4

试 件 编 号	连 接 件			最大承载力（kN）	与 VS01 试件的差值（kN）	提升比例（%）
	形式	直径（mm）	位置			
VS01	无			868.4	0	—
VS02	无			835.0	-33.4	-3.85
VS03	无			1012.0	143.6	16.5
VS1	栓钉	2	弧内 3 排	898.0	29.6	3.4
VS2	栓钉	6		901.8	33.4	3.85
VS3	对拉	2	弧内 3 排	917.8	49.43	5.69
VS4	对拉	6		993	124.6	14.3
VS5	栓钉	6	弧内 5 排	907	38.6	4.45
VS6	对拉	6		1030.6	162.2	18.7
等截面混凝土构件 CS01	无			851.2	—	—
等截面钢筋混凝土构件	无			1105.6	—	—

注：钢管直径为 270mm，圆心之间距离为 270mm，钢管厚度为 2mm；两管之间钢板长度为 78mm，厚度为 2mm。

各试件最大承载力见表 2-4。采用有限元软件计算 VS01 试件的承载力为 868.4kN。若忽略两侧钢板作用，按照纯混凝土构件（VS02）计算时，承载力为 835.0kN，比 VS01 仅降低了 3.85%，说明此类轴压构件中，钢板发挥的作用较小。

若将钢板与混凝土在界面处处理为合并重合节点（VS03），最大承载力为 1012.0kN，比 VS01 试件提高了 16.5%，所以通过采取一定的措施，加强钢板与混凝土的连接可提高构件的承载力。另外，合并重合节点的变截面构件 VS03 承载力为 1012kN，比面积等于变截面构件最小截面值的等截面构件 CS01 承载力（1105.6kN）降低了 93.6kN，降幅约为

9.2%，因此，需探究这 9.2% 承载力降低产生的原因。

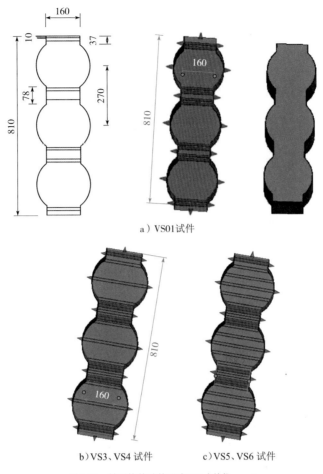

a）VS01试件

b）VS3、VS4 试件　　　　c）VS5、VS6 试件

图 2-32　轴压构件试件形式（尺寸单位:mm）

如图 2-32 所示，结构构件按照材料分为钢材及混凝土两部分；按照截面形式分为圆弧部分和直钢板部分以及存在截面突变的两部分相交处。下面分别就单一混凝土材料的等截面部分、弧形变截面部分、截面突变部分的承载力，以及钢板混凝土的等截面部分、弧形变截面部分以及截面突变部分的承载力进行计算，以确定变截面构件承载力比等截面构件承载力低的原因。

仅考虑混凝土部分时的计算结果见表 2-5。截面尺寸为 160mm × 200mm 的等截面混凝土轴压试件 C1 的承载力为 855kN，与理论计算值 851.2kN 基本一致；最小面积为 160mm × 200mm、圆弧半径为 250mm 的圆柱形变截面构件 V1，计算值为 917kN，比等截面构件 C1 提高了 7.2%；两个等截面与变截面组合在一起的构件 VC1 的承载力为 841kN，比等截面构件 C1 的承载力降低了 1.63%；实际构件不考虑钢板（VS02）时的计算值为 835kN，比等截面构件 C1 的承载力降低了 2.34%。由此说明，针对混凝土部分而言，截面积较小的等截面部分起控制作用，变截面部分材料性能并未充分发挥，且截面突变对承载力的影响并不大。

构件混凝土各部分的承载力计算结果

表 2-5

试件	连接件		试 件 形 式	最大承载力（kN）	与 C1 承载力的差值（kN）	相应比例（%）
	形式	位置				
等截面混凝土 C1	无			855（规范计算值 851.2）	0	—
圆弧混凝土 V1	无			917	62	7.2
圆弧加等截面混凝土 VC1	无			841	-14	-1.63
多圆弧 VS02	无			835	-20	-2.34

　　将 4 个构件外侧分别加上钢板，同时设置对拉立柱 C2、V2、VC2、VS01，以研究钢板部分对承载力的贡献，所得结果见表 2-6。对于等截面构件 C2，所有截面上钢板均

屈服［图 2-33a）］，说明钢板充分发挥了作用，其承载力为 1136.3kN，钢板对承载力的贡献为 24.76%；圆弧形变截面构件 V2 上钢板的应力为 2.5 ～ 40MPa，远小于屈服应力［图 2-34b）］，说明破坏时钢板并未充分发挥作用，承载力最大仅为 973kN，钢板对承载力的贡献仅为 5.76%；将等截面与弧形截面组合在一起（VC2）时，最大承载力为 887.6kN，低于单独的等截面构件及弧形构件的承载力，比圆弧形截面 V2 承载力降低了 85.4kN，降幅为 8.78%［图 2-35b）］。此时对整个变截面构件起控制作用的为变截面处，而变截面位置并未充分利用材料。若在变截面位置处能采取合理的措施，改变该处的应力分布，使钢板的材料性能充分发挥，整个构件的承载力是可以提高的。同时，截面突变对钢板的影响大于对混凝土的影响。

构件各部分的承载力计算结果　　　　　　　　　　　　　　表 2-6

试　件	连接件		试　件　形　式	最大承载力（kN）	钢板贡献（kN）	钢板贡献比例（%）
	形式	位置				
等截面加钢板 C2	仅对拉立柱	共 2 排，4 根		1136.3（钢筋混凝土构件为 1105.6）	281.3	24.76
圆弧加钢板 V2	仅对拉立柱			973	56	5.76
圆弧两端等截面加钢板 VC2	仅对拉立柱	共 4 排，8 根		887.6	46.6	5.25

续上表

试 件	连 接 件		试 件 形 式	最大承载力（kN）	钢板贡献（kN）	钢板贡献比例（%）
	形式	位置				
多个圆弧 VS01	立柱	等截面及变截面均有		868.4	33.4	3.85

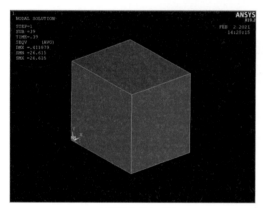
a）混凝土应力云图

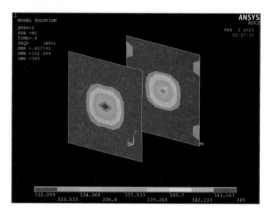
b）钢板应力云图

图 2-33　C2 应力分布云图

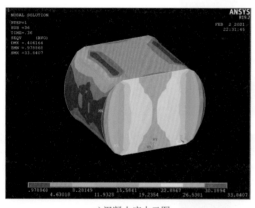
a）混凝土应力云图

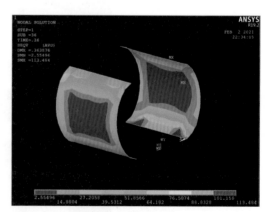
b）钢板应力云图

图 2-34　V2 应力分布云图

　　VS1 ～ VS6 试件荷载—位移曲线如图 2-36 所示，图中 FD 表示荷载位移双收敛准则下的荷载—位移曲线；同时将各试件与构件 VS01 的差值列于表 2-4 中。结果显示，相比于栓钉，采用对拉钢筋可以有效地提高构件的承载能力，这是因为连接件主要是在钢板与混凝土两种材料的界面处发挥作用，而对拉钢筋可以改变截面内的应力分布，可更大程度上发挥钢板的作用。同时，对拉钢筋数量越多、直径越大，构件承载力及延性提高程度越大，设置 5 排 10 根直径为 6mm 的对拉钢筋时，构件的承载力及延性均超过了合并重合节点的计算结果。因此，从提高截面承载力、充分发挥材料性能的角度，建议在管幕预筑结构轴压构件中设置对拉钢筋。

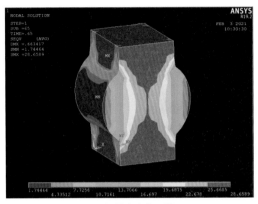

a）混凝土应力云图

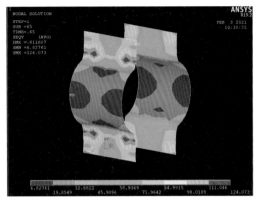

b）钢板应力云图

图 2-35　VC2 应力分布云图

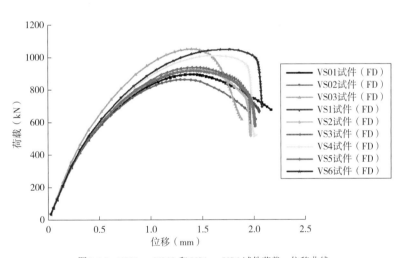

图 2-36　VS01 ～ VS03 和 VS1 ～ VS6 试件荷载一位移曲线

绑扎钢筋需进入钢管中作业，因此拉筋布置设计时要留出足够的施作空间。上文 VS6 中提出的拉筋布置方式过于密集不能留出足够的作业空间，需改进方案，即将对承载能力贡献较小的拉筋剔除，并将对承载能力贡献较大的拉筋直径增大，以达到最优的布置方案，因此需明确各位置拉筋对承载能力的贡献，以仅在图 2-37 中①位置（固连钢板处）设置立柱，圆弧段不布设拉筋的 VS01 为对比构件。VS01-2、VS01-3、VS01-4、VS01-5 依次相对于 VS01 分别增加图 2-37 中②、③、④、⑤处的拉筋。各位置拉筋对承载能力贡献计算结果见表 2-7，同时将各试件与构件 VS01 的差值列于表 2-7。结果显示，①、②、⑤

处拉筋对构件承载能力提升较小，故将①、②、⑤处拉筋剔除，只保留③、④处拉筋。此布置方案既能满足施工作业空间要求，也能满足承载能力要求。

各位置处拉筋对承载能力的贡献值　　　　　　　　表 2-7

工　况	承载能力 （kN）	承载能力增加值 （相比于 VS01，kN）	承载能力增加百分比 （相比于 VS01，%）
VS01	910.96		
VS01-2	932.14	21.18	2.32
VS01-3	973.15	62.19	6.83
VS01-4	976.17	65.21	7.16
VS01-5	926.51	15.55	1.7

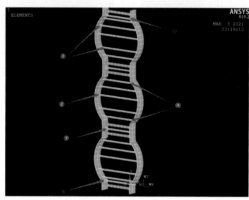

图 2-37　拉筋位置及数量示意图

2.3.2　偏压构件受力性能研究

上节已经确定最优拉筋布置方式，下面按照最优拉筋布置方式进行偏压数值模拟。分别取偏心距为 0、40mm、60mm、80mm，模拟分析 8 种工况下承载能力的区别。以 VS01 试件承载能力为 100%，其余 7 个试件承载能力与 VS01 对比得出承载能力百分数，见表 2-8。

不同偏心距下承载能力的提升比例　　　　　　　　表 2-8

偏心距（mm）		0	40	60	80	100
承载能力的 提升比例	VS01	100%	100%	100%	100%	100%
	VS01（无钢板）	96.4%	95.35%	94%	89.4%	83.6%
	VS1	102.98%	105.6%	107.6%	110.58%	113.5%
	VS2	103.4%	106.9%	109.26%	112.55%	115.3%
承载能力的提升 比例	VS3	104.68%	108.3%	110.4%	114.8%	118.7%
	VS4	112.85%	116.6%	119.7%	123%	127%
	VS5	102.39%	109.3%	112.2%	115.9%	118.5%
	VS6	117.2%	122.4%	125.7%	128.37%	131.5%

由表 2-8 数据可知，随着偏心距的增大，各个构件承载能力百分数均有提高，且规律大致相同。由此可知，偏心距越大，连接件的作用越明显。其中 VS6 构件承载能力提高最为明显，最低为 117.2%，最高达到 131.5%；VS4 构件次之；对拉钢筋的作用优于栓钉。随着偏心距增大，通过连接件将变截面构件承载能力提升至同等配筋率的恒截面越困难。因为偏心距越大恒截面钢板对承载能力贡献比例越大，而变截面钢板不能充分利用，承载能力提升越小，从而导致变截面承载能力不及同等配筋率恒截面。但配置对拉钢筋相较于不配置对拉钢筋承载能力也有较大提高。因此，从提高截面承载力、充分发挥材料性能的角度，建议在管幕预筑结构偏压构件中设置对拉钢筋。

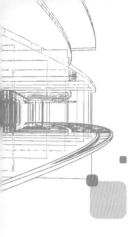

第3章
管幕预筑结构设计方法

 3.1 结构选型与适用性分析

城市浅埋和超浅埋地下结构的形式包括拱形结构和矩形框架结构。

（1）从空间利用率分析

直墙拱形与矩形框架结构的面积对比如图 3-1 所示。由图可知，相比于直墙拱形断面，矩形断面具有明显的空间利用优势。

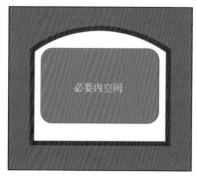

a）直墙拱形断面　　　　　　　　　　b）矩形断面

图 3-1　直墙拱形断面与矩形断面面积对比示意图

（2）从结构受力分析

直墙拱形结构的内力云图如图 3-2 所示，由图可知，直墙拱形断面的拱部结构主要承受轴向压力，其中弯矩和剪力都较小。矩形框架结构的内力云图如图 3-3 所示，由图可知，矩形框架结构的顶、底板承受的弯矩较拱形结构大。因此对于一般混凝土等抗压性能良好而抗拉性能较差的材料来说在拱形结构中其材料特性可以得以充分发挥。

（3）从安全埋置深度分析

为了围岩稳定和施工安全，顶部做成拱形需要增加结构的埋深，这样就需要占用过多的地下空间。而矩形框架结构能为将来的地下空间开发预留更多的空间，另外在地下管线密集等区域，矩形框架结构具有更大的优势。

　　综上所述，矩形断面以其较高的断面利用率、较浅的安全埋置深度、较低的地下空间占用率，在寸土寸金的大城市，具有显著的经济和社会效益，更能适应都市核心区大断面地下空间的建设要求。但是由于矩形断面顶、底板弯矩较大，如果采用一般的钢筋混凝土结构，势必会增加结构的断面尺寸，致使工程造价提高，因此采用由内、外侧钢板夹钢筋混凝土的管幕预筑结构更能发挥其受力性能。

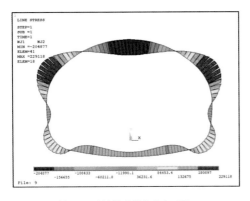

图 3-2　直墙拱形结构内力云图

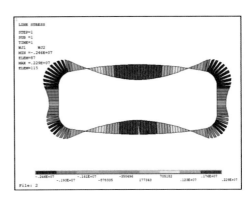

图 3-3　矩形框架结构内力云图

 荷载计算与荷载组合

3.2.1　荷载分类

　　作用在管幕预筑结构上的荷载有永久荷载、可变荷载和偶然荷载，见表 3-1。

管幕预筑结构荷载分类　　　　　　　　　　表 3-1

序号	荷载类别	荷载名称
1	永久荷载	结构自重
2		结构附加恒荷载
3		围岩压力
4		土压力
5		混凝土收缩、徐变荷载
6		水压力、浮力
7		基础变位影响力
8		地面永久建筑物影响力

续上表

序号	荷载类别	荷载名称
9	可变荷载	通过管幕预筑结构的列车荷载及制动力
10		地面车辆荷载及其产生的冲击力、土压力
11		与管幕预筑结构立交的公路或铁路车辆荷载及其产生的冲击力、土压力
12		与管幕预筑结构立交的渡槽流水压力
13		温度变化的荷载
14		冻胀力
15		施工注浆压力
16		与各类结构施工有关的临时荷载
17	偶然荷载	地震与爆破等荷载
18		人防荷载

1）永久荷载

（1）结构自重：是指由于地心引力所引起的结构自重作用，其标准值可按结构设计尺寸及材料重度标准值计算确定。

（2）结构附加恒载：是指结构上附属设备等所引起的外加自重力，当存在附属设备时，应考虑附加恒载。

（3）围岩压力：是指围岩与管幕预筑结构间的相互作用力。

（4）土压力：是指土体作用在建筑物或构筑物上的力，其中促使建筑物或构筑物移动的土体推力称为主动土压力，而阻止建筑物或构筑物移动的土体抗力称为被动土压力。

（5）混凝土收缩荷载：是指在混凝土凝结初期或硬化过程中出现的体积缩小现象，由于管幕预筑结构主要以混凝土材料为主，故混凝土收缩作用应予以考虑。

（6）混凝土徐变荷载：是指混凝土在某一不变荷载的长期作用下产生的塑性变形，此荷载与混凝土收缩作用类似，故也应予以考虑。

（7）水压力：是指位于地下水位线以下的管幕预筑结构承受的地下静水压力。

（8）浮力：是指结构周边水对结构产生的浮力作用。

（9）基础变位影响力：是指管幕预筑结构基底或与管幕预筑结构相邻的其他建筑物基础变位对管幕预筑结构产生的附加荷载，应视设计条件及周边建筑物分布情况予以考虑。

（10）地面永久建筑物影响力：是指管幕预筑结构上部土体破坏范围内永久建筑物所引起的压力作用，其与结构施工控制周边环境条件紧密相关。

2）可变荷载

（1）列车荷载：是指通过管幕预筑结构的列车运行时施加于结构上的荷载。

（2）制动力：是指列车制动所引起的动力作用。铁路列车活载及其制动力、冲击力等标准值，应按《铁路桥涵设计规范》（TB 10002—2017）的规定计算确定。

（3）地面车辆荷载：是指当地下空间结构与公路立交时，地面车辆作用于管幕预筑结构的荷载。其标准值应按《公路桥涵设计通用规范》（JTG D60—2015）的规定计算。

（4）渡槽流水压力：是指当隧道洞口上方设计有渡槽时，渡槽内流水压力。其标准值应按《铁路桥涵设计规范》（TB 10002—2017）的规定计算。

（5）温度变化荷载：是指由于温差作用所引起的结构附加应力作用。管幕预筑结构各部构件受温度变化影响产生的变形值，应根据当地温度情况与施工条件所确定的温度变化值等按式（3-1）计算：

$$\Delta l = l \cdot \Delta t \cdot \alpha \qquad (3-1)$$

式中：Δl——温度变化引起的变形值（m）；

  l——构件的计算长度（m）；

  Δt——温度变化值（℃）；

  α——材料的线膨胀系数，钢筋混凝土的线膨胀系数采用 1.0×10^{-5}。

混凝土收缩的影响可假定用降低温度的方法来计算，对于整体浇筑的混凝土结构相当于降低温度 20℃；对于整体浇筑的钢筋混凝土结构相当于降低温度 15℃；对于分段浇筑的混凝土或钢筋混凝土相当于降低温度 10℃；对于装配式钢筋混凝土结构可酌情降低温度 5～10℃。计算温度应力和混凝土收缩应力时，可根据实际资料考虑混凝土徐变的影响，如缺乏具体资料，则可近似地分别采用混凝土弹性模量的 0.70 倍和 0.45 倍按弹性体系进行计算。

（6）施工荷载：是指施工过程中所产生的各种作业影响。施工荷载、温度荷载，应根据施工阶段、施工方法和施工条件确定。

（7）冻胀力：是指土体中水结冰时体积膨胀所引起的冻胀作用，在平均气温低于 -15℃地区和受冻害影响的管幕预筑结构应考虑冻胀力。其标准值可根据当地的自然条件、围岩冬季含水率等资料通过计算确定。

（8）施工注浆压力：是指在施作管幕预筑结构过程中或在钢管背后进行地层注浆加固过程中所引起的灌浆压力作用，其标准值应按注浆最大荷载力进行计算确定。

3）偶然荷载

（1）地震荷载：是指由于地震所引起的结构动力作用，位于地震区的地下结构应予以考虑。

（2）爆炸、撞击、火灾荷载：按《建筑结构荷载规范》（GB 50009—2012）的规定计算。

（3）人防荷载：是指战争时期，导弹等武器爆炸冲击波所换算成的荷载，可按抗力等级、战时用途、平时用途及防化等级 4 种方式进行等级划分。当管幕预筑结构作为人防工程时，人防荷载标准值可参照《人民防空工程设计规范》（GB 50225—2005）相关规定确定。

3.2.2 作用于管幕预筑结构的土压力研究

对于管幕预筑结构，在设计阶段常采用全土柱法计算覆土压力，而实测数据显示，钢管上方土压力远小于全土柱法的计算结果，这是由于单管顶进后，在钢管上方会形成土压力拱，全部钢管顶进完成后，在结构上方会形成连续土拱，此连续土拱分担了其上方大部分的覆土压力，进而导致钢管受到的竖向压力减小。

计算管幕预筑结构土压力时，一般按照结构跨度进行深浅埋判别，而管幕预筑结构在施工过程中，按照不同的顺序进行单管顶进，此时单拱上方按照单管直径计算，一般会形成土拱，群管顶进完成后，会形成连续土拱，因此按照结构跨度进行深浅埋判别的土压力计算方法并不合理。

1）规范规定土压力计算方法

根据《铁路隧道设计规范》（TB 10003—2016），当地表水平或接近水平，且隧道覆盖厚度满足下式要求时，应按浅埋隧道设计。若不满足，则应按深埋隧道进行设计。

$$H < 2.5H_q \qquad (3\text{-}2)$$

式中：H——隧道拱顶以上覆盖层厚度（m）；

H_q——深埋隧道垂直荷载计算高度（m）。

（1）按深埋隧道计算时，围岩压力按松散压力考虑，其垂直及水平均布压力可按下列规定确定。

垂直均布压力 q 可按下列公式计算确定：

$$q = \gamma h_q \qquad (3\text{-}3)$$

$$h_q = 0.45 \times 2^{S-1}\omega \qquad (3\text{-}4)$$

式中：h_q——等效荷载高度（m）；

S——围岩级别；

ω——宽度影响系数，$\omega = 1 + i(B-5)$；

B——坑道宽度（m）；

i——坑道宽度 B 每增减 1m 时的围岩压力增减率，当 $B<5$m 时，取 $i=0.2$；当 $B>5$ 时，取 $i=0.1$。

水平均布压力可按表 3-2 的规定确定。

围岩水平均布压力

表 3-2

围岩级别	I～II	III	IV	V	VI
水平均布压力	0	<0.15q	（0.15～0.30）q	（0.30～0.50）q	（0.50～1.00）q

（2）地面基本水平的浅埋隧道，所受的荷载具有对称性。垂直压力可按下列公式计算确定：

$$\lambda = \frac{\tan\beta - \tan\varphi_0}{\tan\beta\left[1 + \tan\beta(\tan\varphi_0 - \tan\theta) + \tan\varphi_0\tan\theta\right]} \tag{3-5}$$

$$\tan\beta = \tan\varphi_0 + \sqrt{\frac{\left(\tan^2\varphi_0 + 1\right)\tan\varphi_0}{\tan\varphi_0 - \tan\theta}} \tag{3-6}$$

$$q = \frac{Q}{B} = \gamma h\left(1 - \frac{\lambda h\tan\theta}{B}\right) \tag{3-7}$$

式中：λ——侧压力系数；

β——最大推力破裂角（°）。

φ_0——计算摩擦角（°）；

θ——顶板土柱两侧摩擦角（°），为经验数值；

γ——围岩重度（kN/m³）；

h——洞顶地面高度（m）；

B——坑道跨度（m）。

水平压力可按下式计算确定：

$$e_i = \gamma h_i \lambda \tag{3-8}$$

式中：h_i——内外侧任意点至地面的距离（m）。

其他符号意义同前。

2）考虑拱效应的土压力计算方法

（1）竖向土压力

①作用在顶管管道上的竖向土压力，其标准值应按覆盖层厚度和力学指标确定。当管顶覆盖层均为淤泥土时，管顶上部竖向压力应按式（3-9）计算。

$$F_{sv\cdot k1} = \sum_{i=1}^{n}\gamma_{si}h_i \tag{3-9}$$

管拱背部的竖向土压力可近似化成均布压力，其标准值为：

$$F_{sv\cdot k2} = 0.215\gamma_{si}R_2 \tag{3-10}$$

式中：$F_{sv\cdot k1}$——管顶上部竖向土压力标准值（kN/m²）；

$F_{sv\cdot k2}$——管顶背部竖向土压力标准值（kN/m²）；

γ_{si}——管道上部 i 层土层重度（kN/m³），地下水位以下应取有效重度；

h_i——管道上部 i 层土层厚度（m）；

R_2——管道外半径（m）。

②当管顶覆土层不属于上述情况时，顶管上竖向土压力标准值应按式（3-11）计算。

$$F_{sv\cdot k3} = C_j(\gamma_{si}B_t - 2c) \tag{3-11}$$

$$B_{t} = D_{1}\left[1 + \tan\left(45° - \frac{\varphi}{2}\right)\right] \quad (3\text{-}12)$$

$$C_{j} = \frac{1 - e^{\left(-2K_{a}\mu\frac{H_{s}}{B_{t}}\right)}}{2K_{a}\mu} \quad (3\text{-}13)$$

式中：$F_{sv \cdot k3}$——管顶竖向土压力标准值（kN/m²）；

　　　C_{j}——顶管竖向土压力系数；

　　　B_{t}——管顶上部土层压力传递至管顶处的影响宽度（m）；

　　　D_{1}——管道外径（m）；

　　　φ——管顶土的内摩擦角（°），此处的 φ 为管顶和管周原状土的内摩擦角；

　　　c——土的黏聚力（kN/m²），宜取地质报告中的最小值；

　　　H_{s}——管顶至原状地面的埋置深度（m）；

　　　$K_{a}\mu$——原状土的主动土压力系数和内摩擦系数的乘积，一般黏性土可取 0.13，饱和黏土可取 0.11，砂和砾石可取 0.165。

其他符号意义同前。

当管道位于地下水位以下时，尚应计入地下水作用在管道上的压力。

（2）侧向土压力

作用在管道中心的侧向土压力，标准值可按下列两种条件分别计算。

①当管道处于地下水位以上时，侧向土压力标准值可按式（3-14）计算主动土压力。

$$F_{h,k} = \left(F_{sv,ki} + \frac{\gamma_{si}D_{1}}{2}\right)K_{a} \quad (3\text{-}14)$$

式中：$F_{h,k}$——侧向土压力标准值（kN/m²），作用在管中心；

　　　K_{a}——主动土压力系数，$K_{a} = \tan^{2}\left(45° - \frac{\varphi}{2}\right)$。

其他符号意义同前。

②当管道处于地下水位以下时，侧向水土压力标准值应采用水土分算，土的侧压力重度取有效重度；水压力按静水压力计算，水的重度取 10kN/m³。

3）计算结果对比分析

计算参数取自规范和相关文献中北京、广州、天津、石家庄和太原等地的地质参数，计算时分别采用全土柱自重计算、《铁路隧道设计规范》（TB 10003—2016）推荐围岩压力计算方法和考虑拱效应的土压力计算方法，所取参数地质类型按围岩等级均属于Ⅵ级围岩，经计算等效荷载高度 h_{q} 为 5.76m，深浅分界埋深 h_{a} 为 14.4m。按照规范要求，当埋深 $h \leq h_{q}$ 时，围岩压力按土体自重算；当 $h_{q} \leq h \leq h_{a}$ 时，按照浅埋隧道围岩压力计算公式进行计算；当埋深 $h_{a} \leq h$ 时，按照深埋隧道围岩压力计算公式进行计算。三种方法计算结果见表3-3，计算对比如图3-4～图3-7所示。

各地层计算结果汇总表

表3-3

地层名称	埋深（m）	重度（kN/m³）	黏聚力（kPa）	内摩擦角（°）	自重计算竖向压力（kPa）	规范计算竖向压力（kPa）	考虑土拱效应竖向压力（kPa）
淤泥质土	2	17	16	9	34	34	34
	5				85	85	85
	10				170	120.34	170
新黄土	2	16	20	15	32	32	32
	5				80	80	19.59
	10				160	91.65	33.16
砂土	2	19	5	30	38	38	38
	5				95	95	61.63
	10				190	109.80	98.17
粉质黏土	2	20	20	18	40	40	40
	5				100	100	36.04
	10				200	115.61	62.24

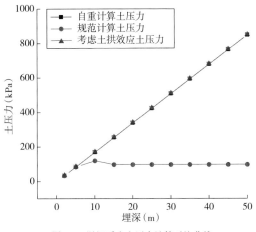

图3-4 淤泥质土土压力计算对比曲线

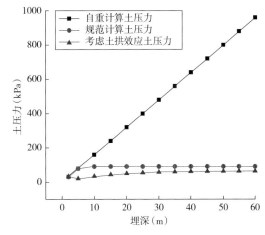

图3-5 新黄土土压力计算对比曲线

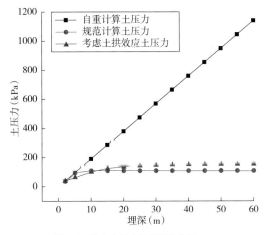

图3-6 砂土土压力计算对比曲线

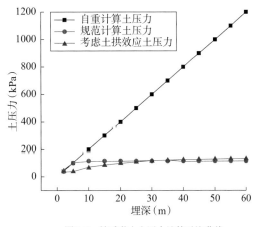

图3-7 粉质黏土土压力计算对比曲线

由图 3-4～图 3-7 可知，正常顶管施工时，由于顶管施工埋深偏小，使用考虑拱效应的土压力计算方法要优于隧道设计规范和自重计算方法，即使是淤泥质土，埋深较小情况下的计算结果也相差不多，推荐使用考虑拱效应的土压力计算方法对顶管土压力进行计算。

4）群管顶进土压力计算

选定开挖 5 根钢管，间距分别为 20cm 和 30cm 进行数值模拟分析，建立地层结构模型，模拟埋深为 10m，钢管直径为 2m，5 根钢管的开挖顺序为从左到右，每次开挖时荷载释放 10%，计算结果见表 3-4。

计算结果汇总表 表 3-4

地层名称	埋深（m）	重度（kN/m³）	黏聚力（kPa）	内摩擦角（°）	理论计算值（kPa）	单根管模拟结果（kPa）	单根管模拟值/理论计算值	多根管模拟结果（kPa）	多根管模拟值/理论计算值
砂土	5	19	5	30	61.63	67	1.08	72.5	1.18
	10				98.17	132.11	1.35	142.07	1.45
粉质黏土	5	20	20	18	36.04	58.1	1.61	90.9	2.52
	10				62.24	108	1.74	139	2.23
黄土	5	16	20	15	19.59	45.6	2.33	75.5	3.85
	10				33.16	89.3	2.69	111.3	3.36

通过对比分析可知，群管顶进时的土压力要明显大于规程中的公式计算结果，可见仅考虑单管顶进的土压力计算与实际情况存在一定的误差，因此需要对公式进行修正。这里将模拟结果与计算结果相比，计算得到各组合结果比值的平均值为 2.43，这里从安全储备的角度出发，取修正系数为 2.5。管幕结构的围岩压力采用式（3-15）计算。

$$F_{sv \cdot k3} = 2.5 C_j \left(\gamma_{si} B_t - 2C \right) \qquad (3-15)$$

式中符号意义同前。

5）实测数据对比

土压力采用土压力计进行量测，在北通道设置 4 个监测断面，南通道设置 5 个监测断面，共 9 个监测断面。其中，北通道 3 个断面采用全断面布设监测点，1 个断面由于地下水影响，仅在上半断面布设监测点；南通道 3 个断面采用全断面监测，2 个断面采用半断面监测。监测点布置在两个钢管之间的土体中，全断面监测布设 20 个测点，半断面监测布设 12 个测点，共 156 个测点。监测日期从 2019 年 5 月 29 日至 7 月 14 日，每天监测 1 次。

随着施工过程的进行，土压力逐渐增大。北通道最大土压力出现在 BK12 断面，最大值为 0.081MPa，南通道最大土压力出现在 NK22 断面，最大值为 0.062MPa，各测试断面土压力最大值汇总见表 3-5。

各测试断面土压力最大值 表 3-5

监 测 断 面	测 点 编 号	土压力最大值（MPa）	出现日期（月 - 日）
BK12	3-4	0.081	7-3
BK44	20-1	0.039	7-14
BK70	11-12	0.041	7-9
BK82	1-2	0.044	7-9
NK5.8	1-2	0.038	7-14
NK11	3-4	0.036	7-3
NK22	10-11	0.062	6-29
NK72	5-6	0.039	7-8
NK84	15-16	0.038	7-8

根据勘察报告的地层物理力学参数，埋深 3.5m，按照提出的计算公式，计算得到的土压力值为 39.07kPa，实测数据平均值为 46.44kPa。计算值略小于实测值，主要是因为地层参数可能有偏差，同时列车荷载也会增大实测结果。

6）地层压力的计算

（1）竖向地层压力

作用于管幕预筑结构上的竖向地层压力标准值宜根据所处工程地质条件、水文地质条件和覆盖层厚度，并结合土体卸载拱荷载的影响进行计算。当管顶覆盖厚度小于等于 1 倍管外径或覆盖层均为淤泥土时，管幕预筑结构竖向地层压力应按式（3-9）计算。当管顶覆土层不属于上述情况时，管幕预筑结构竖向地层压力标准值应按式（3-15）计算。

当结构位于地下水位以下时，尚应计入地下水荷载在结构上的压力。

（2）侧向地层压力

当结构处于地下水位以上时，施工阶段侧向土压力标准值可按主动土压力计算，使用阶段按静止土压力计算。当结构处于地下水位以下时，侧向水土压力标准值应采用水土分算，土的重度取有效重度；地下水压力按静水压力计算，水的重度取 10kN/m³。

3.2.3 荷载组合

管幕预筑结构设计，对不同荷载应采用不同的代表值：对永久荷载应采用标准值作为代表值；对可变荷载应根据设计要求采用标准值、组合值、频遇值或准永久值作为代表值；对偶然荷载应按结构使用的特点确定其代表值。应根据使用过程中在结构上可能同时出现的作用，分别按承载能力极限状态和正常使用极限状态进行荷载组合，并应取各自的最不利组合进行设计。

1）基本组合

荷载基本组合是承载能力极限状态计算时永久荷载与可变荷载的组合，它包括永久荷载效应控制组合和可变荷载效应控制组合，荷载效应设计值取两者的较大者。

（1）由永久作用控制的效应设计值按式（3-16）进行计算。

$$S_d = S\left(\sum_{j=1}^m \gamma_{G_j} G_{jk} + \sum_{i=1}^n \gamma_{Q_i} \psi_{ci} Q_{ik}\right) \tag{3-16}$$

式中：G_{jk}——第 j 个永久荷载的标准值；

$\quad\quad Q_{ik}$——第 i 个可变荷载的标准值；

$\quad\quad \gamma_{G_j}$——第 j 个永久荷载的分项系数；

$\quad\quad \gamma_{Q_i}$——第 i 个可变荷载的分项系数；

$\quad\quad \psi_{ci}$——第 i 个可变荷载 Q_i 的组合值系数，管幕预筑结构可变荷载组合值系数不应
小于表 3-6 的规定；

$\quad\quad m$——参与组合的永久荷载数；

$\quad\quad n$——参与组合的可变荷载数。

管幕预筑结构可变荷载组合系数　　　　　　　　　　　表 3-6

可变荷载类型	组合值系数 ψ_{ci}
通过管幕预筑结构的列车荷载及制动力	0.9
与管幕预筑结构立交的公路车辆荷载产生的压力	0.9
与管幕预筑结构立交的铁路列车荷载产生的压力	0.9
与管幕预筑结构立交的渡槽流水压力	0.8
温度变化影响力	0.6
冻胀力	0.8
施工注浆压力	0.8
与各类结构施工有关的临时荷载	0.8

当对 S_{Q1k} 无法明显判断时，应轮次以各可变荷载效应为 S_{Q1k}，并选取其中最不利的荷载组合的效应设计值。

（2）由可变荷载控制的效应设计值，按式（3-17）进行计算。

$$S_d = S\left(\sum_{j=1}^m \gamma_{G_j} G_{jk} + \gamma_{Q_1} Q_{1k} + \sum_{i=2}^n \gamma_{Q_i} \psi_{ci} Q_{ik}\right) \tag{3-17}$$

式中：Q_{1k}——可变荷载中起主导荷载的可变荷载标准值；

$\quad\quad \gamma_{Qi}$——可变荷载中起主导荷载的可变荷载的分项系数。

其他符号意义同前。

在基本组合中，当永久荷载效应对结构不利时，γ_G 应取 1.3；当可变荷载效应对结构不利时，γ_Q 应取 1.5。当永久荷载效应对结构有利时，一般情况下应取 1.0，抗浮验算时应取 0.9；当可变荷载效应对结构有利时，一般情况下应取 0。

2）标准组合

标准组合是正常使用极限状态采用的组合，主要用来验算一般情况下构件的挠度、裂缝等正常使用极限状态问题。在组合中，可变荷载采用标准值，即超越概率为 5% 的上分位值，荷载分项系数取 1.0。荷载标准组合的效应值设计值 S_d 可按式（3-18）计算。

$$S_d = S\left(\sum_{j=1}^{m} G_{jk} + Q_{1k} + \sum_{i=2}^{n} \psi_{ci} Q_{ik}\right) \tag{3-18}$$

式中符号意义同前。

3）偶然组合

偶然组合是承载能力极限状态采用的组合，主要用来验算偶然荷载作用时结构的承载能力及偶然事件发生后受损结构的整体稳固性。偶然组合是永久荷载、可变荷载和一个偶然荷载的组合，偶然荷载的代表值不乘以分项系数；与偶然荷载同时出现的其他荷载可根据观测资料和工程经验采用适当的代表值。用于承载能力极限状态计算时，荷载偶然组合的效应设计值 S_d 可按式（3-19）计算；用于偶然事件发生后受损结构的整体稳定性验算时，偶然组合的效应设计值 S_d 可按式（3-20）计算。

$$S_d = S\left(\sum_{j=1}^{m} G_{jk} + A_d + \psi_{f1} Q_{1k} + \sum_{i=2}^{n} \psi_{qi} Q_{ik}\right) \tag{3-19}$$

式中：A_d——偶然荷载的标准值；

ψ_{f1}——起主导荷载的可变荷载的频遇值系数；

ψ_{qi}——第 i 个可变荷载的准永久值系数。

$$S_d = S\left(\sum_{j=1}^{m} G_{jk} + \psi_{f1} Q_{1k} + \sum_{i=2}^{n} \psi_{qi} Q_{ik}\right) \tag{3-20}$$

4）频遇组合

频遇组合是正常使用极限状态计算时采用的组合。频遇组合中可变荷载的频遇值等于可变荷载标准值乘以频遇值系数（该系数小于组合值系数）。频遇值的选取是按可变荷载在结构设计基准期内超越其值的次数（或大小的时间）与总的次数（或时间）相比在 10% 左右考虑的。频遇组合主要适用于当一个极限状态被超越时可能产生局部损害、较大变形或短暂振动等情况。频遇组合的效应设计值 S_d 可按式（3-21）进行计算。

$$S_d = S\left(\sum_{j=1}^{m} G_{jk} + Q_{1k} + \sum_{i=2}^{n} \psi_{qi} Q_{ik}\right) \tag{3-21}$$

式中符号意义同前。

5）准永久组合

准永久组合是正常使用极限状态计算时采用的组合，在设计基准期内，组合中可变荷载超越荷载准永久值的概率在 50% 左右。准永久组合常用于考虑荷载长期效应对结构构件正常使用状态影响的分析。例如：当裂缝控制等级为三级时，对环境类别为二 A 类的预应力混凝土构件在荷载准永久组合作用下，受拉边缘应力应满足准永久组合下抗裂验算边缘的混凝土法向应力与预压应力之差不大于混凝土轴心抗拉强度标准值。准永久组合的效应设计值 S_d 可按式（3-22）进行计算。

$$S_d = S\left(\sum_{j=1}^{m} G_{jk} + Q_{1k} + \sum_{i=1}^{n} \psi_{qi} Q_{ik}\right)$$ （3-22）

式中符号意义同前。

3.3 结构计算模型

按地下结构与围岩相互作用考虑方式的不同，地下结构计算模型主要有两类：一类是以支护结构作为承载主体，围岩对支护结构的变形起约束作用的计算模型（荷载—结构模型）；另一类是以围岩为承载主体，支护结构限制围岩向隧道内变形的计算模型（地层—结构模型）。

（1）荷载—结构模型

将支护结构和围岩分开考虑，支护结构是承载主体，地层对结构的作用只是产生作用在地下结构上的荷载（包括主动的围岩压力和被动的围岩弹性反力），以计算支护结构在荷载作用下产生的内力和变形。围岩对支护结构变形的约束作用是通过弹性支撑来体现的，而围岩的承载能力则在确定围岩压力和弹性支撑的约束能力时间接考虑。

目前对地下结构计算采用较多的方法是弹性支承法，弹性支承法也称为链杆法。其基本特点是将支护结构离散为有限个杆系单元体，按照"局部变形"理论考虑支护结构与围岩的相互作用，如图 3-8 所示。

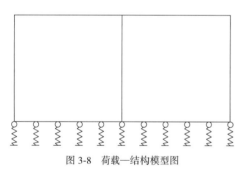

图 3-8 荷载—结构模型图

（2）地层—结构模型

将支护结构与围岩视为一体，作为共同承受荷载的支护结构体系，其中围岩为主要的承载结构，支护结构只是用来约束和限制围岩的变形，两者共同作用的结果是使支护结构体系达到平衡状态。对于按新奥法或暗挖法设计和施工的支护结构，因其能和围岩紧密接触，并使围岩始终工作在非松动阶段，与围岩一起共同承受由于开挖而释放的初始应力的作用，因此可以采用连续介质力学的方法来分析。目前这种方法主要用于研究地层的稳定性，以及对地下工程的各种施工方案进行比较，判断开挖对地层的影响等。该模型的求解方法包括理论解和数值解两种方法。理论解又可分为封闭解和近似解两种情况，主要适用于求解圆形毛洞隧道，在特殊情况下可以考虑隧道的支护效果，它一般只能模拟均质地层、对称荷载的情况，不能模拟隧道施工过程。数值解包括有限元法、边界元法、离散元法等，有限元法和边界元法建立在连续介质力学的基础上，适合于小变形分析，是发展较早、较成熟的方法，其中有限元法在地下工程中应用更为广泛。有限元法是将围岩和支护结构离散为仅在节点相连的诸单元的等价系统，如图 3-9 所示，图中 B 表示隧道跨度。将荷载移置于节点，利于插值函数考虑连续条件，引入边界条件，由矩阵力法或矩阵位移法求解围岩和支护结构的应力场和位移场。

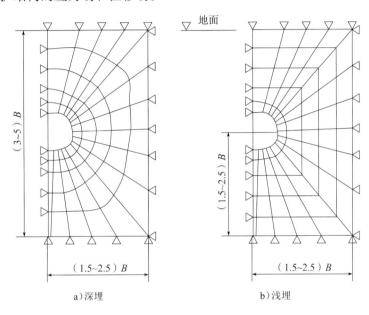

a）深埋　　　　　　　　　　　　b）浅埋

图 3-9　地层—结构模型图

管幕预筑结构设计时应采用符合实际的力学模型及计算方法模拟实际施工过程，一般在结构设计、分析切割后钢管应力、计算支撑柱截面尺寸和间距等时应采用荷载—结构模型，在进行施工过程地层的稳定性等方面的研究时宜采用地层—结构模型。

3.4 承载能力极限状态设计

管幕预筑结构设计时，承载能力极限状态应按荷载基本组合或偶然组合计算荷载组合的效应设计值，并应按式（3-23）进行设计：

$$\gamma_0 S_d \leqslant R_d \qquad\qquad （3\text{-}23）$$

式中：γ_0——结构重要性系数，在持久设计状态和短暂设计状态下，对安全等级为一级的结构构件不应小于 1.1，对安全等级为二级的结构构件不应小于 1.0，对安全等级为三级的结构构件不应小于0.9；在偶然设计状态下应取1.0；

S_d——荷载组合的效应设计值；

R_d——结构构件抗力的设计值，应按相关结构设计的规定确定。

管幕预筑结构应按照连接板处的截面高度进行承载力计算。正截面承载力计算应基于下列规定：①平截面假定；②不考虑混凝土的抗拉强度；③受压边缘混凝土极限压应变 $\varepsilon_{cu}=0.003$；④钢筋、钢板的应力等于钢筋、钢板应变与其弹性模量的乘积，其绝对值不应大于其相应的强度设计值；⑤纵向受拉钢筋和钢板的极限拉应变取0.01。

当采取了合理的防腐及防锈措施，两侧钢板的防腐防锈耐久性可以保证时，可同时考虑两侧钢板的作用，管幕预筑结构单位宽度受弯构件的抗弯承载力设计值可按下列公式计算（图3-10）。

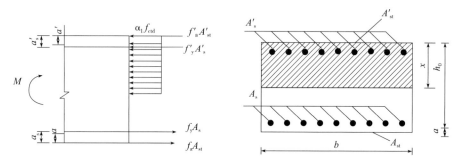

图 3-10 管幕预筑板系结构受弯构件正截面受弯承载力计算

$$M \leqslant \alpha_1 f_c bx\left(h_0 - \frac{x}{2}\right) + f_y' A_s'(h_0 - a_s') + f_a' A_{st}'(h_0 - 0.5 t_b') \quad (3\text{-}24)$$

$$\alpha_1 f_c bx + f_y' A_s' + f_a' A_{st}' - f_y A_s - f_a A_{st} = 0 \quad (3\text{-}25)$$

$$t_b' = \frac{t_b}{8} - \frac{1}{1.22} \quad (3\text{-}26)$$

混凝土等效受压区高度应符合下列公式：

$$x \leqslant \xi_b h_0 \quad (3\text{-}27)$$

$$x \geqslant 2a' \quad (3\text{-}28)$$

$$\xi_b = \frac{\beta_1}{1 + \dfrac{f_y + f_a}{2 \times 0.003 E_s}} \quad (3\text{-}29)$$

式中： M——截面上的弯矩设计值；

α_1——受压区混凝土压应力影响系数，当混凝土强度等级不超过C50时，α_1 取1.0；

β_1——受压区混凝土应力图形影响系数，当混凝土强度等级不超过C50时，β_1 取0.8；当混凝土强度等级为C80时，β_1 取0.74，其间按线性内插法确定；

f_c——混凝土抗压强度设计值；

f_y、f_y'——分别为钢筋的抗拉、抗压强度设计值；

f_a、f_a'——分别为钢板的抗拉、抗压强度设计值；

A_{st}、A_{st}'——分别为单位宽度构件受拉区及受压区钢板净截面积；

A_s、A_s'——分别为受拉区及受压区纵向钢筋截面面积；

b——截面宽度，取 1000mm；

h——最小截面高度；

a——纵向受拉钢筋和受拉钢板的合力点至截面受拉边缘的距离；

a'——纵向受压钢筋和受压钢板的合力点至截面受压边缘的距离；

h_0——截面有效高度，$h_0 = h - a$；

x——混凝土等效受压区高度；

t_b——受压钢板实际厚度；

t_b'——受压钢板厚度；

ξ_b——相对界限受压区高度；

E_s——钢筋弹性模量；

a_s'——受压区钢筋合力作用点至受压边缘的距离。

钢板混凝土受弯构件试验表明，受弯构件在外荷载作用下，破坏形态以受压侧混凝土压碎、钢板达到屈服为标志，受力性能与钢筋混凝土压弯构件相似。承载力计算时，将侧面钢板等效为纵向受力钢筋的一部分，在平衡式中增加了钢板的受弯承载力项。当构件无受压钢板及受压钢筋或者不考虑受压钢板及受压钢筋时，不需要符合式（3-28）的要求。根据平截面假定提出判断适筋梁的相对界限受压区高度计算公式。

钢板混凝土构件受弯试验及数值分析计算结果表明，对于由圆弧段与平钢板段组成的变截面管幕预筑结构构件，由于变截面范围内远离中性轴材料性能未能充分发挥，导致管幕预筑结构变截面构件较恒截面构件承载能力低，若管幕预筑结构按照最小截面进行设计，需将变截面构件钢板厚度等效为具有相应承载力的等截面构件钢板厚度，等效钢板厚度按照下列计算过程给出：

（1）建立管幕预筑结构变截面受弯构件有限元模型，模拟构件的受弯全过程，得出构件承载力。

（2）制作与有限元模型相同的管幕预筑结构变截面受弯试件，根据试验结果验证构件有限元模型的正确性。

（3）改变变截面管幕预筑结构有限元模型参数，得到大量构件的承载力。

（4）根据式（3-24）反算所有变截面构件的等效钢板厚度值 t_b'，分析各参数对 t_b' 的影响程度。

（5）确定钢板实际厚度 t_b 为敏感因素，拟合得出钢板等效厚度 t_b' 与实际厚度 t_b 的关系式。

理论与数值模拟结果对比如图 3-11 所示。

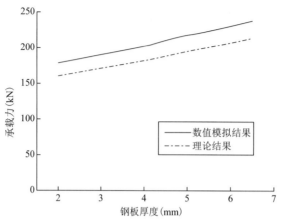

图 3-11　理论与数值模拟结果对比

当采取了合理的防腐及防锈措施，两侧钢板的防腐防锈时效性可以保证时，可同时考虑两侧钢板的作用，管幕预筑板系结构偏心受压构件正截面承载力应按下列公式进行验算（图 3-12）。

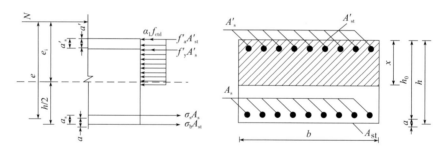

图 3-12　管幕预筑板系结构偏压构件正截面受压承载力计算

$$N \leqslant \alpha_1 f_c bx + f_y' A_s' + f_a' A_{st}' - \sigma_s A_s - \sigma_b A_{st} \tag{3-30}$$

$$Ne \leqslant \alpha_1 f_c bx \left(h_0 - \frac{x}{2} \right) + f_y' A_s' (h_0 - a_s') + f_a' A_{st} (h_0 - 0.5 t_b') \tag{3-31}$$

$$e = e_i + \frac{h}{2} - a \tag{3-32}$$

$$e_i = e_0 + e_a \tag{3-33}$$

$$e_0 = \frac{M}{N} \tag{3-34}$$

$$t_b' = \frac{\sqrt{e}}{10} + \frac{9 t_b}{100} - \frac{1}{10} \tag{3-35}$$

式中：N——与弯矩设计值 M 对应的轴向压力设计值；

　　　e_i——初始偏心距；

　　　e_0——轴向压力对截面重心的偏心距；

e_a——附加偏心距;

e——轴向压力作用点至纵向受拉钢筋合力点的距离。

受拉钢筋应力 σ_s 和钢板应力 σ_b 按以下规则计算。

（1）当 $x \leqslant \xi_b h_0$ 时，取 $\sigma_s = f_y$，$\sigma_b = f_a$。

（2）当 $\xi > \xi_b$ 时：

$$\sigma_s = \frac{f_y}{\xi_b - \beta_1}\left(\frac{x}{h_0} - \beta_1\right) \tag{3-36}$$

$$\sigma_b = \frac{f_a}{\xi_b - \beta_1}\left(\frac{x}{h_0} - \beta_1\right) \tag{3-37}$$

式中：ξ_b——相对界线受压区高度，按照式（3-28）计算。

正截面偏心受压承载力计算公式是在基本假定基础上，采用极限平衡方法，并将钢板应力图形简化为拉压矩形应力图的情况下，作出的简化计算方法。

与等截面构件截面应变符合平截面分布不同，钢管范围内截面应变呈抛物线分布，破坏时仅核心范围内部分混凝土达到极限应变，两侧钢板未能完全发挥作用，因而导致管幕预筑结构变截面构件比双钢板混凝土恒截面构件承载力低，若采用最小截面进行设计，仍需对变截面构件钢板厚度进行折减，折减方法与受弯构件拟合算法相同，分析得出钢板实际厚度 t_b 及偏心距 e 均为等效厚度 t_b' 的主要影响因素。采用折减后的钢板厚度按理论公式计算的结果及试验值与数值模拟结果的对比如图 3-13 所示。

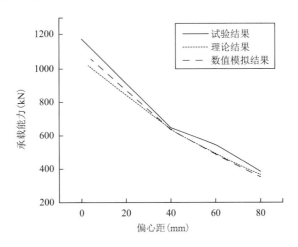

图 3-13　理论、试验及数值模拟结果对比

当结构两侧或靠近围岩一侧钢板的防腐、防锈无法保证，或结构处于腐蚀性环境中，计算承载力时应忽略相应钢板的贡献，按照钢筋混凝土构件，依据钢筋混凝土规范的相关规定进行截面设计。当不考虑受拉侧钢板贡献时，ξ_b 可按下式计算：

$$\xi_b = \frac{\beta_1}{1+\dfrac{f_y}{0.003E_s}} \tag{3-38}$$

单位宽度钢板混凝土受弯构件斜截面的抗剪承载力设计值应按下列公式计算：

$$V_u = V_c + V_s \tag{3-39}$$

$$V_c = 0.35 f_{ctd} l t_c \tag{3-40}$$

$$V_s = A_{svl} f_s \frac{l t_c}{s_{vx} s_{vy}} \leqslant 1.8 f_{ctd} l t_c \tag{3-41}$$

式中： V_u——单位宽度钢板混凝土构件的平面外抗剪承载力设计值（N）；

l——单位宽度（mm），取 1000mm；

t_c——内填混凝土的截面厚度（mm）；

A_{svl}——对拉钢筋的截面面积（mm^2）；

f_s——对拉钢筋的抗拉强度设计值（MPa）；

f_{ctd}——混凝土的抗拉强度设计值（MPa）；

s_{vx}、s_{vy}——分别为对穿钢筋沿墙体平面内两个正交方向的间距（mm）。

3.5 正常使用极限状态设计

管幕预筑结构应根据其使用功能及外观要求，按下列规定进行正常使用极限状态验算：对需要控制变形的构件，应进行变形验算；对不允许出现裂缝的构件，应进行混凝土拉应力验算；对允许出现裂缝的构件，应进行受力裂缝的宽度验算。

按照正常使用极限状态设计时，应根据不同的设计要求，采用荷载的标准组合、频遇组合或准永久组合，并应按式（3-42）进行设计。

$$S_d \leqslant C \tag{3-42}$$

式中：C——结构或结构构件达到正常使用要求的规定限值，如变形、裂缝、振幅、加速度或应力等的限值。

构件在各种荷载组合作用下的变形（挠度和转角），可根据给定的刚度按荷载—结构模型计算。管幕预筑结构受弯构件可简化为等厚钢板混凝土板计算其最大挠度值。计算时，按荷载准永久组合，并考虑荷载长期作用的影响，其计算值不应大于表 3-7 规定的允许值。

受弯构件的允许挠度　　　　　　　　　　　　　表 3-7

构件类型		允许挠度
板构件	$l_0 \leq 5\text{m}$	$l_0/250$
	$5\text{m} < l_0 \leq 8\text{m}$	$l_0/300$
	$l_0 > 8\text{m}$	$l_0/400$

注：l_0 为受弯构件的计算跨度。

 3.6 施工过程结构计算

　　管幕预筑结构主要施工过程包括：钢管顶进，钢管切割，连接钢板，支撑立柱焊接，混凝土浇筑及内部土体开挖。施工过程结构计算包括：管幕允许顶力验算、管幕强度计算、一次切割长度计算、支撑柱截面尺寸及间距计算。

3.6.1　管幕允许顶力验算

　　在顶进过程中钢管应力按式（3-43）计算。

$$\sigma_d = \frac{\gamma_{Qd} F_{ds}}{\phi_1 \phi_2 \phi_3 A_p} \tag{3-43}$$

式中：F_{ds}——钢管顶力设计值（N）；

　　　ϕ_1——钢材受压强度折减系数，可取 1.00；

　　　ϕ_2——钢材脆性系数，可取 1.00；

　　　ϕ_3——钢管稳定系数，可取 0.36；当顶进长度小于 300m，且穿越土层均匀时，可取 0.45；

　　　A_p——钢管最小有效传力面积（mm^2）；

　　　γ_{Qd}——顶力分项系数，可取 1.3。

3.6.2　管幕强度计算

　　由于钢管的横向和纵向受力，需要计算组合折算应力。钢管管壁截面的最大组合折算应力应满足下列公式要求：

$$\eta \sigma_\theta \leq f \tag{3-44}$$

$$\eta \sigma_x \leq f \tag{3-45}$$

$$\gamma_0 \sigma \leq f \tag{3-46}$$

$$\sigma = \eta \sqrt{\sigma_\theta^2 + \sigma_x^2 - \sigma_\theta \sigma_x} \tag{3-47}$$

式中：σ_θ——钢管管壁横截面最大环向应力（MPa）；

$\quad\quad\sigma_x$——钢管管壁的纵向应力（MPa）；

$\quad\quad\sigma$——钢管管壁的最大组合折算应力（MPa）；

$\quad\quad\eta$——应力折减系数，可取 $\eta=0.9$；

$\quad\quad f$——钢管管材的强度设计值（MPa）。

钢管管壁横截面的最大环向应力 σ_θ 应按下列公式确定。

$$\sigma_\theta \leqslant \frac{N}{b_0 t_0} + \frac{6M}{b_0 t_0^2} \qquad (3\text{-}48)$$

$$N = \varphi_c \gamma_Q F_{wd,k} r_0 b_0 \qquad (3\text{-}49)$$

$$M = \varphi \bullet \frac{(\gamma_{G1} k_{gm} G_{1k} + \gamma_{G,sv} k_{vm} F_{sv,k} D_1 + \gamma_{GW} k_{wm} G_{wk} + \gamma_Q \varphi_c k_{vm} Q_{ik} D_1) r_0 b_0}{1 + 0.732 \dfrac{E_d}{E_p} \left(\dfrac{r_0}{t_0} \right)^3} \qquad (3\text{-}50)$$

式中：$\quad M$——在荷载组合作用下钢管管壁截面上的最大环向弯矩设计值（N·mm）；

$\quad\quad N$——在荷载组合作用下钢管管壁截面上的最大环向轴力设计值（N）；

$\quad\quad b_0$——管壁计算宽度（mm），取 1000mm；

$\quad\quad t_0$——管壁计算厚度（mm），使用期间计算时设计厚度应扣除 2mm，施工期间及试水期间可不扣除；

$\quad\quad \varphi$——弯矩折减系数，有内水压时取 0.7，无内水压时取 1.0；

$\quad\quad \varphi_c$——可变作用组合系数，可取 0.9；

$\quad\quad \gamma_Q$——可变作用分项系数，可取 1.4；

$\quad\quad \gamma_{G1}$——钢管自重作用分项系数，可取 1.2；

$\quad\quad \gamma_{G,sv}$——竖向水压力作用分项系数，可取 1.27；

$\quad\quad r_0$——管的计算半径（mm）；

$\quad\quad E_d$——钢管一侧原状土的变形模量（MPa）；

$\quad\quad E_p$——钢管管材弹性模量（MPa）；

k_{gm}、k_{vm}、k_{wm}——分别为钢管管道结构自重、竖向土压力和管内水重作用下管壁截面的最大弯矩系数，可分别取为 0.083、0.138、0.083；

$\quad\quad D_1$——管外壁直径（mm）；

$\quad\quad Q_{ik}$——地面堆载或车载传递至管道顶压力的较大标准值（N）。

钢管管壁的纵向应力可按下列公式核算：

$$\sigma_x = v_p \sigma_\theta \pm \varphi_c \gamma_Q \alpha E_p \Delta T \pm \frac{0.5 E_p D_0}{R_1} \qquad (3\text{-}51)$$

$$R_1 = \frac{f_1^2 + \left(\dfrac{L_1}{2}\right)^2}{2f_1} \qquad (3\text{-}52)$$

式中：v_p——钢管管材泊松比，可取 0.3；

$\quad\alpha$——钢管管材线膨胀系数；

$\quad\Delta T$——钢管的计算温差（℃）；

$\quad R_1$——钢管顶进施工变形形成的曲率半径（m）；

$\quad f_1$——管道顶进允许偏差（m），应符合工程验收标准；

$\quad L_1$——出现偏差的最小间距（m），视管道直径和土质确定，一般可取 50m。

其他符号意义同前。

3.6.3　一次切割长度计算

当管群部分或全部完成顶管作业后，需要将相邻顶管沿结构轮廓线进行分段切割，挖除管间土体。分段切割长度不仅对管间土体产生扰动，引起管间土应力重分布，进而产生地层变形，而且钢管切口处会产生应力集中，因此应根据地表沉降允许值和切割后钢管应力确定一次切割长度。

计算地层变形宜采用地层—结构模型，计算切割后钢管应力宜采用荷载—结构模型。结构计算荷载类型和计算取值按表 3-1 采用。结构设计时应根据结构类型，按结构整体和单个构件可能出现的最不利组合，依相应的规范要求进行计算，并考虑施工过程中荷载变化情况分阶段计算。

3.6.4　支撑柱截面尺寸及间距计算

分段切割钢管后，为保证临时结构稳定和限制地表沉降，将相邻管间用钢板焊接密封，然后在相邻焊接防水钢板间加剪力构件，即施加钢管混凝土支撑。

钢管支撑焊接后整体结构内力宜采用荷载—结构模型计算，计算得到支撑的轴力，并据此确定支撑柱截面尺寸和间距。

3.7　构造措施

3.7.1　钢管及固连钢板构造要求

钢管及连接钢板等构件应满足下列要求：

（1）钢管内径 D_{iner} 不宜小于 1.8m，钢管间距不宜小于 150mm。

（2）考虑钢板承载能力时，管壁厚度应采用计算厚度加腐蚀量厚度，腐蚀量厚度应根据使用年限及环境条件确定，且不应小于 2mm。钢管年腐蚀量标准可按表 3-8 确定。

钢管年腐蚀量（单面）标准　　　　　　　　表 3-8

腐蚀环境	低于地下水位区		地下水位变化区		高于地下水位区
	海水	淡水	海水	淡水	
腐蚀量（mm/a）	0.03	0.02	0.06	0.04	0.03

（3）管段长度不宜小于 6m，长距离管幕管段长度可适当增长。

（4）钢管的制作及验收按照《给排水管道工程施工及验收规范》（GB 50268—2008）、《现场设备、工业管道焊接工程施工规范》（GB 50236—2011）和《工业金属管道工程施工规范》（GB 50235—2010）以及《焊缝无损检测　超声检测　技术、检测等级和评定》（GB/T 11345—2013）等有关规定进行。

（5）固定钢板应采用与管幕相同的材料及厚度。

（6）管幕预筑结构钢板混凝土构件单侧钢板含钢率取值宜为 0.5% ～ 3%。单侧钢板含钢率可按下式计算：

$$\rho_{pl} = \frac{A_{pl}}{A_{sc}} \tag{3-53}$$

式中：ρ_{pl}——单侧钢板含钢率；

A_{pl}——单位宽度钢板混凝土构件中单侧钢板截面积；

A_{sc}——单位宽度钢板混凝土构件截面积。

3.7.2　钢管混凝土结构的非切割钢管壁连接件构造要求

钢管混凝土结构的非切割钢管壁连接件应符合下列规定：

（1）为了保证钢板与混凝土之间的组合受力性能，应在管幕圆弧段距恒截面段 1/4 圆弧高度处设置连接件，如图 3-14 所示。

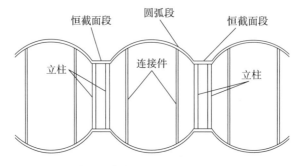

图 3-14　管幕预筑结构连接件示意图

（2）当需要利用连接件的抗剪强度时，连接件应为对拉体系，按照承载力确定，并同时满足构造要求。

（3）连接件杆径应小于 1.5 倍的钢板厚度，避免焊接过程中钢板局部受热变形过大或被焊漏。

（4）钢板混凝土结构的钢板宜避免受压屈服前发生局部屈曲，连接件间距与钢板厚度的比值宜满足下式要求：

$$\frac{B}{t} \leq 1.8 \sqrt{\frac{E_a}{f_{ay}}} \qquad (3\text{-}54)$$

式中：B——连接件之间钢板的最大无支撑长度（mm）；

　　　t——钢板的厚度（mm）；

　　　f_{ay}——钢板的屈服强度标准值（MPa）；

　　　E_a——钢板的弹性模量（MPa）。

3.7.3　钢筋混凝土构造要求

钢筋混凝土应满足以下规定：

（1）钢筋的锚固长度不小于 35d（d 为钢筋直径）。

（2）结构构件受力钢筋的连接可采用焊接或机械连接两种形式。当钢筋采用机械连接时，接头形式、试验方法、质量要求及质量验收等，应符合《钢筋机械连接技术规程》（JGJ 107—2016）要求；当钢筋采用焊接连接时，接头形式、焊接工艺、试验方法、质量要求及质量验收等，应符合《混凝土结构工程施工质量验收规范》（GB 50204—2015）、《钢筋焊接及验收规程》（JGJ 18—2012）等有关规范的要求。钢筋焊接前，应根据施工条件进行试焊，合格后方可施焊。

（3）架立钢筋或分布筋直径小于 20mm 时，可采用绑扎搭接接头，搭接长度 30d，接头应错开 50%。

3.8　防水设计

3.8.1　防水体系及设计内容

结构防水遵循"以防为主，多道设防，突出重点，综合治理"的原则，确保防水的可靠性和耐久性，以保证隧道结构物和营运设备的正常使用和行车安全。

（1）管幕预筑结构防水采用混凝土结构自防水和外包钢板等防水措施，形成完整的防水系统，横断面防水构造如图 3-15 所示。

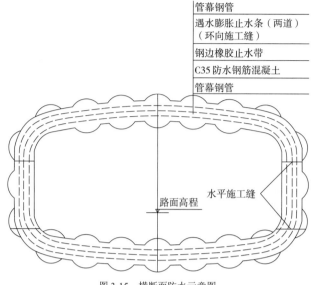

管幕钢管
遇水膨胀止水条（两道）
（环向施工缝）
钢边橡胶止水带
C35 防水钢筋混凝土
管幕钢管

水平施工缝

路面高程

图 3-15　横断面防水示意图

（2）管幕预筑结构防水设计应根据工程性质及工程地质条件、水文地质条件进行，设计内容主要包括：

①防水标准和设防要求。

②防水混凝土抗渗等级和其他技术指标。

③钢板焊接质量及防水形式的选择及其技术指标。

④工程细部构造的防水措施、选用的材料及其技术指标。

3.8.2　外包钢板防水

结构外包钢板为第一道防水，对结构防水起到至关重要的作用，为满足防水要求，采取以下措施：

（1）钢管采取可靠的防腐处理措施。

（2）防水钢板焊缝宜平整，并应满足防水基面的技术要求。

（3）钢筋混凝土施工前，应将结构迎水面钢管及钢板焊缝进行防水处理，防水处理宜采用涂料防水。

3.8.3　混凝土结构自防水

（1）结构防水应充分利用混凝土衬砌结构自防水能力，其抗渗等级不得低于 P6。在有冻害地段或最冷月平均气温低于 $-15℃$ 的地区，防水混凝土的抗渗等级应适当提高。处于侵蚀性介质中的防水混凝土，其耐侵蚀系数不应小于 0.8。

（2）防水混凝土结构裂缝宽度不得大于 0.2mm，并不得贯通。管幕内钢筋混凝土应有微膨胀性，以提高混凝土的密实性。

3.8.4　施工缝防水

环向施工缝采用混凝土界面剂（水泥基渗透结晶型防水涂料）、遇水膨胀止水条（两道）及钢边橡胶止水带，环向施工缝防水如图 3-16 所示。纵向施工缝采用混凝土界面剂（水泥基渗透结晶型防水涂料）和镀锌钢板止水带，纵向施工缝防水如图 3-17 所示。

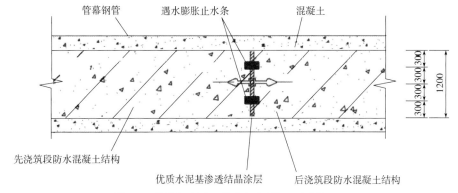

图 3-16　管幕段环向施工缝防水示意图（尺寸单位：mm）

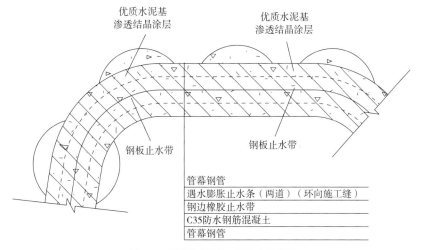

图 3-17　管幕段水平施工缝防水示意图

3.8.5　钢管间三角区防水

当管幕预筑结构位于地下水位以下时，钢管顶进完成后，钢管切割前，需对管间土进行加固处理，防止地下水在钢板切割时，涌入钢管内。

渗透系数较大的砂质地层，可采用渗透注浆加固。对于渗透系数大于 1×10^{-4}cm/s 的填土层、砂土层和夹砂的黏土层，可采用水泥浆或水泥—水玻璃浆液；对于小于 1×10^{-5}cm/s 的细砂层可采用化学浆液（聚氨酯类、丙烯酰胺类）。注浆材料及配合比应根据地质条件和施工要求，水泥浆水灰比为 0.6：1～1：1；水泥—水玻璃双液浆水灰比控制在 0.8：1～1：1，水玻璃浓度 35°～40° Bé，水泥浆与水玻璃浆的体积比为 1：0.6～1：1。注浆压力应根据地质条件、周围建筑物情况及施工要求，通过现场试验确定，一般控制在 0.3～0.7MPa 之间。

渗透系数较小的软塑或流塑状黏土、淤泥质地层，可采用劈裂注浆或高压旋喷注浆。注浆孔间距为 0.5 ~ 1.0m，注浆压力为 0.7 ~ 2.0MPa，水泥浆的配合比及注浆压力通过现场试验确定。太原市迎泽大街下穿太原火车站工程管间土加固如图 3-18 所示，其中 A2 ~ A6 钢管三角区加固钢管外侧，A7 ~ A20 钢管三角区加固钢管内外侧三角区需进行管内径向高压旋喷桩加固施工，共计 34 处加固三角区。管内径向高压旋喷桩施工孔位布置间距为 0.55m，桩径为 0.6m，旋喷深度为 1.0m，每处加固三角区每环 2 根管内径向高压旋喷桩，两侧对打施工。为确保开孔不影响后期钢管强度，钢管内径向高压旋喷桩开孔位于钢管切割线内侧，钢管开孔布置如图 3-19 所示。

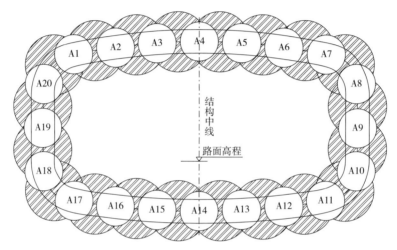

图 3-18　钢管间三角区管内径向高压旋喷桩加固区域示意图

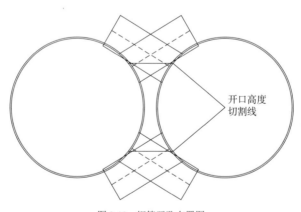

图 3-19　钢管开孔布置图

3.8.6　钢板防水层与柔性防水层搭接

钢板防水层与柔性防水层搭接时，应设钢板加强层进行过渡。可先凿出预筑结构的防水钢板，沿其边缘补焊 500mm 宽薄钢板防水层后，在薄钢板防水层另一侧粘贴柔性防水材料，两者搭接长度不小于 100mm。

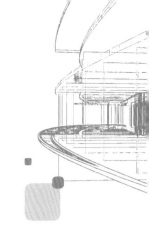

第4章
管幕预筑结构施工技术

4.1 管幕预筑结构的主要施工流程

管幕预筑结构的主要施工流程包括：修建工作井、钢管顶进、钢管切割和焊接、混凝土浇筑和土方开挖。

1）修建工作井

修建工作井施工内容主要包括：基坑施工、砂垫层和混凝土垫层施作、竖井衬砌施工、钢筋混凝土封底。工作井开挖前应摸清地下管线等障碍物，并将施工区域内地上、地下障碍物清除和处理完毕，有地下障碍物的地段提前挖探坑，并做好防护措施。地下水位较高时，提前做好降水工作，开挖前将地下水位降至井底0.5m以下。若有可利用的既有坑道时，尽量利用既有坑道工程。工作井施作完成后，在工作井内设置顶进钢管所需的后背墙、顶管支架及导轨等，如图4-1所示。始发工作井的结构布置应具备足够的后座反力：当利用反力墙为千斤顶提供支撑时，应充分利用土体抗力；当土体抗力及墙后土体变形不能满足顶管机始发及墙体变形要求时，应采取相应措施。工作井结构应满足顶管机施工过载要求。工作井预留洞门直径应满足顶管机始发和接收的要求，洞门处应设置满足顶管机始发和接收要求的洞门密封装置。

a）工作井

b）顶管设备

图4-1 工作井及顶管设备

工作井的最小内净长度取下列两种方法计算结果的较大值。

（1）当按顶管机长度确定时，工作井的最小内净长度可按式（4-1）计算。

$$L \geq l_1 + l_3 + k \qquad\qquad (4-1)$$

式中：L——工作井的最小内净长度（m）；

l_1——顶管机下井时最小长度，如采用刃口顶管机应包括接管长度（m）；

l_3——千斤顶长度（m），一般可取 2.5m；

k——后座和顶铁的厚度及安装富余量，可取 1.6m。

（2）当按下井管节长度确定时：

①工作井的内净长度按式（4-2）计算。

$$L \geq l_2 + l_3 + l_4 + k \qquad\qquad (4-2)$$

式中：l_2——下井管节长度（m），一般可取 6.0m，长距离顶管时可取 8.0～10.0m；

l_4——留在井内的管道最小长度（m），可取 0.5m。

其他符号意义同前。

②工作井内净宽度按式（4-3）计算。

$$B_j = B + (2.0 \sim 2.4) \qquad\qquad (4-3)$$

式中：B——管幕预筑结构总宽度（m）；

B_j——工作井的内净宽度（m）。

③工作井底板面深度按式（4-4）计算。

$$H_j = H_d + h_c \qquad\qquad (4-4)$$

式中：H_j——工作井底板面最小深度（m）；

H_d——管幕结构底板埋置深度（m）；

h_c——管底操作空间（m），可取 0.70～0.80m。

2）钢管顶进

钢管顶进过程中，每根大直径钢管采用分段顶进方式，边顶进边出土，各管段之间采用焊接进行连接。地下水丰富时，顶进需采用管前超前注浆技术固结地层，保证无水顶进和开挖作业。顶进过程关键是要保证钢管的顺利顶进和就位精度，顶管一旦发生偏位，就会对管幕预筑结构本身及周边构筑物产生重大影响，因此群管顶进施工精度控制是管幕预筑结构施工的重中之重。精准顶进施工方案应以地勘和物探报告作为不同地层条件下顶进设备的选型依据：对于填料物质不一、颗粒尺寸相差较为悬殊的杂填土等地层，建议采用敞开式盾构机；对于级配较好的土体地层，建议采用土压平衡式盾构机。

钢管顶进施工见图 4-2。

3）钢管切割和焊接

钢管顶进到位后，割除各相邻钢管之间的管壁，各钢管在结构纵向通长切割，但在切割时需要跳做，切割高度须满足实施结构尺寸要求；在相邻钢管之间，沿结构内、外轮廓线焊接支护钢板及防水钢板，并在支护钢板与防水钢板之间设置钢支撑，钢管切割、支撑如图 4-3 所示。钢管切割、焊接需在钢管内作业，切割、焊接过程中会产生大量烟雾，钢管内空间狭小、封闭，钢管顶进完成后，通风系统尚未配置，此时的通风手段很难及时将烟雾从钢管内排除，导致管内作业环境十分恶劣。为了解决此问题，改善工人的作业环境，本着以人为本、绿色施工的理念，需对钢管内自动切割、焊接设备进行专项研发，实现恶劣环境下钢管切割、焊接的自动化、智能化。

图 4-2　钢管顶进施工

图 4-3　钢管切割和支撑施工

4）混凝土浇筑和土方开挖

管幕段钢管切割焊接施工完毕后进行主体结构钢筋绑扎、混凝土浇筑施工。钢管内空间狭小，内部永久支撑柱密布，结构钢筋运输、绑扎困难，因此在钢管内绑扎钢筋时，需注意避让架设的钢管支护，架立模板、分段浇筑混凝土，形成主体拱墙的永久结构。混凝土浇筑时需考虑排气、大体积混凝土养护、堵头模板支撑等技术措施。在管幕预筑结构保护下，采用台阶法分层开挖结构内的地层土体，必要时可对地层进行注浆补强，并进行剩余钢筋混凝土结构施工。每段切割完毕的钢管内进行混凝土灌注施工时，工人无法进入钢管内振捣，如何保证钢管内混凝土灌注密实、无空洞是管幕段混凝土浇筑施工的难点。

4.2　大直径钢管精准顶进技术

太原市迎泽大街下穿火车站通道工程采用管幕预筑法施工，施工过程中采集了土压力、排土量、推进速度、顶力、注浆材料、注浆压力及注浆量、顶管机姿态、轴线偏差等施工相关数据和地层变形监测数据，形成了大直径钢管快速精准顶进施工关键技术。

1）大直径钢管顶进施工原理及特点

（1）技术原理

顶管掘进机穿越工作井的墙壁出洞后，陆续顶入大管径双胶圈柔性密封接头管幕钢管。顶进过程中，一方面通过掘进机和每节管道向管线周围进行不间断强化注浆减阻并填充空隙，另一方面随时监控掘进机姿态并进行管道纠偏，同时根据顶力及阻力计算结果确定注浆压力及注浆量，并根据阻力情况控制主顶油泵进行工作。整个顶进过程以小车输渣方式进行管道出土，直至完成管道顶进，如图 4-4 所示。

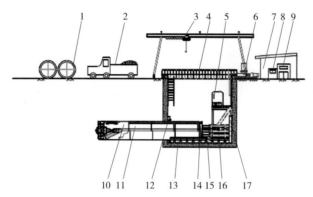

图 4-4　钢管顶进施工技术原理示意图

1- 待用钢管；2- 运输车；3- 门式起重机；4- 围栏；5- 主顶油泵；6- 润滑注浆系统；7- 操纵房；8- 配电系统；9- 操纵系统；10- 机头；11- 钢管节；12- 止水圈；13- 导轨；14- 环形顶铁；15- 主顶液压缸；16- 监测系统；17- 反力墙

（2）技术特点

①采用双胶圈柔性密封接口管幕钢管，提高了管道的抗渗漏性，更有利于管道纠偏。

②采用加强注浆的施工工艺，更好地保证了顶管施工的注浆效果。

③适用于除岩层和粒径 10cm 以上的鹅卵石地层以外其他任何地层的顶管工程施工。

2）顶管施工工艺与关键技术

（1）工艺流程

大直径钢管顶进施工工艺流程如图 4-5 所示。

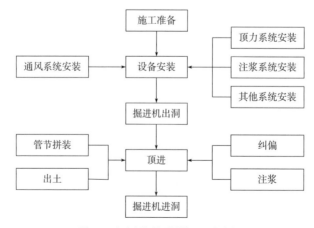

图 4-5　大直径钢管顶进施工工艺流程

（2）施工准备

①工作井沉到位并且封底混凝土达到设计强度，经现场验收各项工作均在设计和规范允许偏差范围之内。

②工作防水措施：始发井井底应及时抽水，工作井的井顶高程应满足防汛要求，事先设置临时挡水堰，井四周挖排水沟以排地表水。

③顶管进出洞口准备：如果采用的是不降地下水的封闭式机械顶管施工，在进、出洞口的一段距离范围内应采取一定的措施，防止土体流失，保证进出洞口的安全和质量。

（3）设备的安装

①后靠背安装：安装时要保证工作井后靠背与千斤顶接触面相平，使后靠背与墙体形成一体，为顶管提供坚实的后靠背。后靠背安装如图4-6所示。

②导轨安装：导轨是顶进中的掘进机进洞的导向设备，其安装质量对管道顶进质量影响较大，因此要严格按照设计要求进行安装。导轨采用方钢焊接而成，轨底和型钢焊接成一体，并用型钢支撑。导轨安装如图4-7所示。

图4-6　后靠背安装

图4-7　导轨安装

③千斤顶：主顶液压动力设备安装时应采用整体吊装，而且要保证其平稳地安装在工作平台上。根据管径大小，选用相应的推力设备，确保顶铁受力均匀，使管道和后座的受力状态均良好，如图4-8所示。

④洞口止水：选用双层钢丝网加固橡胶止水钢板进行止水，提高止水效果，如图4-9所示。掘进机进出洞时准确测量顶管机头的位置，确保橡胶止水钢板与掘进机头中心轴线重合，避免顶管机进洞时地下水和泥沙涌入工作井内，另外也避免顶进施工时减阻泥浆的流失，保证了泥浆套的完整性。

3）顶管机出洞

为保证掘进机安全出洞，在顶管机出洞前，对顶管出洞口外侧进行土体加固。确认出洞口的土体具有良好的止水效果，并仔细检查确保洞口双道止水橡胶压密合格，且要确保其与顶进管道的中心轴线重合，误差要小于2mm，达到完全的止水效果。

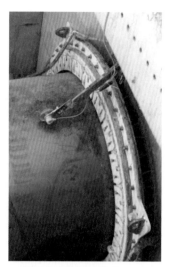

图 4-8　千斤顶示意图　　　　　　图 4-9　洞口防水法兰

顶管机准备出洞时，顶管机机头快速靠近挖掘面，做好橡胶止水钢板与掘进机之间的紧密连接，以保证之后的土体在切削时的顶进力度，防止切削刀盘扭矩过大。为了避免掘进机头出现"栽头"情况，选择将导轨延伸一定的长度，并将掘进机头与前三节管道刚性连接，使之成为一个整体。

4）管道顶进

（1）管节拼装

管节在下井前再次进行外观和尺寸检查，管道的规格、荷载等级、接口形式等应符合图纸的要求。若发现管节有管端破损、管端面不平整、尺寸误差较大时，不能下井。吊管采用门式起重机，吊管时先进行试吊，当将管节吊离距地面 10cm 左右时，检查管节的捆扎质量，确定安全后才能继续起吊。

（2）管道顶进

操作流程：合上总电源开关→合上各分系统的电源开关→开启主油泵→启动刀盘→启动纠偏油泵站→主顶系统进入随时顶进状态→同时启动油泵站及输渣阀门→调整泥土输送机和主顶千斤顶的速度，使其平衡→启动压浆系统→时刻观测掘进机顶进的姿态→时刻进行微调纠偏，以控制机头方向。

（3）纠偏

对顶进过程实行 24h 全程监控，采用激光导向系统（UNS）将激光束射到掘进机头中心的光靶上，利用光靶把掘进机头的位置偏移状况传输至机头控制室，在控制室内控制纠偏机头的千斤顶工作。在进行掘进机头纠偏操作时，要保证注浆减阻操作持续进行，从而减小纠偏液压缸顶力需要克服的阻力，使纠偏更容易达到要求。

（4）减阻注浆

顶进时，时刻监控注浆压力，保证有效地跟踪压浆，根据具体的施工状况来调节补压浆的次数及压浆量，确保减阻注浆效果。

5）顶管机进洞

在顶管机进洞之前 12m，要增加测量的次数和精确度，确保按照设计轴线顶进，从而保证顶管机顺利进洞。顶管机进洞前，拆除洞口加固型钢，露出砖砌封门，井壁上安装止水装置。井内清理干净，安装好接收导轨，调整高程并固定接收架，以便顺利接收顶管机。当顶管机顶进至砖砌洞口封堵时，停止刀盘的转动，利用主千斤顶将顶管机推入接收井。待洞口浆液达到强度之后，拆除洞口止水装置，采用微膨胀混凝土将洞口与管节之间的间隙填实。

6）大直径钢管快速精准顶进关键技术

（1）初始顶进防后退措施

为保证钢管拼接时不损坏洞口止水装置，需要对井壁以及导轨进行固定。可采用临时焊接，安装完成后再拆除的方式。

（2）顶管机出洞防栽头措施

顶管机的自重大，极易造成栽头现象。为防止顶管机出洞时栽头可采取如下措施：

①为防止力矩的不平衡造成头部向下的现象，可对导轨进行延长。

②顶管机就位后，将机头垫高 3mm。

③顶管出洞时，及时将钢管节连接到位，调整后座主推千斤顶的合力中心。

（3）顶管机掘进施工技术措施

①土压力控制

按朗肯土压力公式计算土压力理论值：

$$P_0 = K \cdot \gamma \cdot H \qquad (4\text{-}5)$$

式中：P_0——顶管机正面土压力（kPa）；

　　　K——土的侧向压力系数；

　　　γ——土的重度（kN/m³）；

　　　H——顶管的影响深度（m）。

施工中通过设在刀盘和密封仓的压力计测定，结合地质、埋深和地面监控量测信息的反馈分析，适时优化调整土压力、推进速度、推进力及注浆量的设定值，以确保地面变形控制在规定的范围内。

②出土量控制

理论每米出土量为：

$$V = \frac{\pi}{4} \cdot D^2 \cdot N \qquad (4\text{-}6)$$

式中：D——刀盘直径（m）；

　　　N——虚方系数，根据现场实际确定，软土地层一般取 1.3 左右。

采用土压平衡模式掘进时，实际出土量控制在理论值的 98% ～ 100% 之间，以维持一定的土压力，保证顶管正面土体的稳定。

（4）同步注浆控制措施

同步注浆能减少顶管时管与土的摩擦阻力，同时填充由于顶管机管径稍大引起的空隙，注浆前，每节钢管需设置 4 个注浆用孔口管及阀门。触变泥浆性能参数见表 4-1。

触变泥浆性能参数 表 4-1

项目	膨润土含量（%）	纯碱含量（%）	羧甲基纤维素（CMC）含量（%）	漏斗黏度（s）	视黏度（MPa·s）
参数	8～12	3～6	1.5～2	36～42	30.5
项目	失水量（mL）	终切力（10^{-8}kPa）	相对密度	含砂率（%）	稳定性
参数	9～12.5	130	1.1～1.6	≤3	静置24h无离析水

注：本表参数根据相关经验及规范确定，施工时可根据实际情况适当调整。

压浆时必须遵循"随顶随压、逐孔压浆、全线补浆、浆量均匀"的原则，总管采用直径 50mm 的镀锌钢管，支管采用直径 50mm 的橡胶管。在每个注浆孔及支管与总管连接处设置阀门，以便控制泥浆套质量。

（5）顶管进洞技术措施

①在进洞洞口顶进方向 5m 范围采用注水泥浆加固，具体要求与管幕出洞相同。

②通过焊接预埋钢板与止水装置来实现顶管进洞止水效果。

③顶管进洞脱管措施：顶管机重量较大，需在顶管机后于管节连接段加设 4 台 50t 千斤顶。顶管机进入接收井后，启动千斤顶，将机头徐徐推出钢管节，从而安全的将顶管机脱离开管节。

④进洞的施工流程如同管幕出洞一样，在进洞的过程也要分层拆除地下墙，开小孔等，在确保安全的条件下进洞。

⑤顶管结束后，迅速进行注浆密封，降低风险。

7）沉降控制措施

（1）土压式顶管机控制土仓压力 1.3～1.5bar（1bar=0.1MPa）；通过改造顶管机刀具，开挖直径由原来 2045mm 减小到 2035mm。

（2）敞开式顶管机控制土体切入深度 300～550mm；敞开式顶管降低顶进速度由之前的 80～100mm/min 降低至 50～70mm/min，减少对杂填土层的扰动，确保触变泥浆充分填充施工时管道与土体之间产生的空隙。

（3）严格控制出渣量，每米出渣量控制在 3.25m³ 以内，实际施工中采用重量与体积双控指标。

（4）对触变泥浆材料进行改良，选用黏度较高、密度较大、含水率低、凝结时间长的惰性材料，并合理控制触变泥浆压力及注浆量。触变泥浆性能参数见表 4-2。

触变泥浆性能参数 表 4-2

样品性能参数	掺量（%）	漏斗黏度（s）	视黏度（MPa·s）	失水量（mL）	密度（g/cm³）	含砂率（%）	稳 定 性
前期	8.0	36～55	27.5	11.5	1.1～1.2	0.2～0.4	静止24h无离析水
改良后	12.0	滴流	28.5	9	1.15～1.2	0.4～0.8	静止24h无离析水

（5）钢管顶进完成后及时完成水泥—水玻璃双液浆泥浆置换。每根钢管顶进完成后，及时采用水泥—水玻璃双液浆加固周边土体，快速填补钢管周边土体空隙，下部钢管内注浆压力控制在 0.3～0.5MPa，上部钢管内注浆压力控制在 0.1～0.3MPa。加密注浆孔，对上部钢管内水泥—水玻璃双液浆注浆孔进行加密，由原来的 4m/环加密至 2m/环。

（6）泥浆置换完毕后，及时使用水泥—水玻璃双液浆进行管内二次注浆加固。

（7）根据站台及行包地道沉降情况，进行站台及行包地道的跟踪注浆施工。

钢管顶进参数可参考表 4-3。

钢　管　顶　进　参　数　　　　　　　　　表 4-3

项　　目	土压式顶进参数			敞开式顶进参数		
	4 月 21 日前	4 月 21 日后	本次调整	4 月 21 日前	4 月 21 日后	本次调整
开挖直径（mm）	2045	2045	2035	2030	2030	2030
切入土体深度（mm）	—	—	—	300～350	300～450	300～550
土仓压力（bar）	0.7～0.8	1.3～1.5	1.3～1.5	—	—	—
推进速度（mm/min）	80～90	75～85	60～80	85～100	80～100	50～70
刀盘转速（r/min）	2.5～3	2.5～3	2.0～2.2	—	—	—
螺旋转速（r/min）	8.3	7.8	6.8	—	—	—
泡沫注入量（L/min）	11.5	10.8	9.5	—	—	—
出渣量（m³/m）（实方）	3.45	3.39	3.25	3.24	3.24	3.24
触变泥浆量（m³/m）	0.78	0.78	0.78	0.88	0.88	0.88
管内二次注浆压力（MPa）	0.3～0.5	0.3～0.5	0.3～0.5	0.3～0.5	0.1～0.3	0.1～0.3

钢管顶进过程中，钢管随顶进距离的偏差监测结果如图 4-10、图 4-11 所示。由图可知，钢管顶进过程中，钢管左右偏差最大值为 18mm，出现在顶进距离 75m 处；高层偏差最大值为 19mm，出现在顶进距离分别为 38m 和 97m 处，偏差值均控制在允许范围内。

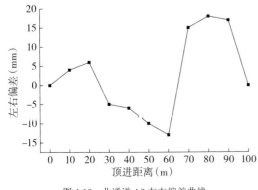

图 4-10　北通道 A9 左右偏差曲线

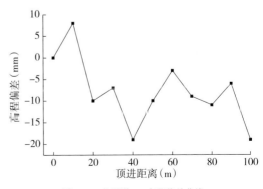

图 4-11　北通道 A9 高程偏差曲线

4.3 钢管内自动化快速切割和焊接技术

钢管内切割支护焊接成套设备采用"多工序并行作业,支护件洞外整体焊接模式"。整个系统由 2 台钢管切割机、1 台钢管焊接机、1 台支护件定位装置等设备构成,如图 4-12、图 4-13 所示。工作时,相邻两钢管 A 和 B 内设备同时工作。钢管 A 内设备是 1 台钢管切割机 +1 台支护件定位装置,钢管 B 内设备是 1 台钢管切割机 +1 台钢管焊接机。

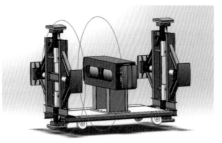

图 4-12　等离子自动切割机台车　　　　　　图 4-13　支护定位装置台车

切割设备包括等离子气刨电源、磁吸附气刨小车、控制柜、气刨枪和水冷却装置等。等离子气刨电源由主电路和控制电路构成,主要为等离子气刨过程中提供稳定的电流输出。控制柜主要由控制电路、高频起弧电路和连接电路构成,其具有通信、故障处理、电流设定、控制切割过程中高频起弧、控制气路装置和冷却装置,以及为等离子割炬提供水、气、电等电路连接等功能。控制柜和等离子气刨电源构成了等离子气刨电源系统,切割指标见表 4-4。

管幕钢管切割主要指标　　　　　　　　　　表 4-4

序号	项　　目	性 能 指 标
1	等离子气体	压缩空气
2	切割速度（mm/min）	0 ～ 1200

支护件安装在钢管切割后的窗口内,以支撑切割后的钢管。支护件由上顶板、下顶板及 4 根圆形支柱构成,质量约 450kg。支护件安装起重设备能够实现支护件水平、竖直两个方向的移动,起重臂按 800kg 设计载荷设计,起重设备要能够在空间狭小的钢管内工作,并要具备足够的刚度和强度。研发设备主要性能指标见表 4-5 ～表 4-7。

台车及保持架指标　　　　　　　　　　表 4-5

序号	项　　目	性 能 指 标
1	台车尺寸（mm × mm × mm）	2685 × 1800 × 1800
2	支撑方式	机械螺旋
3	支撑点数量（根 / 台车）	8
4	支撑点方向	上、下、左、右四个方向

抓取切割钢板指标 表 4-6

序号	项 目	性 能 指 标
1	抓取方式	磁力
2	抓取力（N）	大于 8000
3	最大推力	700kN

支护件安装起重指标 表 4-7

序号	项 目	性 能 指 标
1	上臂液压缸行程（mm）	400
2	上臂伸长范围（mm）	1080～1450
3	垂直臂液压缸行程（mm）	320
4	垂直臂高度范围（mm）	720～1000
5	底部平移液压缸行程（mm）	350
6	最大起重力（N）	6000

自动焊接设备由焊接供电装置、控制装置、磁吸附自动焊接小车及附件等组成。磁吸附自动焊接小车通过小车轮和钢板间的永磁力吸附到钢管表面，焊接小车的运行速度、焊机电流、电压等参数均可调节，以适应不同的焊接要求。磁吸附焊接小车包括小车主体结构、磁力吸附、行走速度、控制装置和焊枪固定等。自动焊接设备指标见表 4-8。

自动焊接设备指标 表 4-8

序号	项 目	性 能 指 标
1	焊接速度（mm/min）	0～1300 连续可调
2	送丝速度（m/min）	0～16 连续可调
3	摆动宽度（mm）	最大 40

4.3.1 钢管内切割支护焊接成套设备研发

采用"多工序并行作业，支护件洞外整体焊接模式"，整个系统由 2 台钢管切割机、1 台钢管焊接机、1 台支护件定位装置等设备构成。工作时，相邻两钢管 A 和 B 内设备同时工作。钢管 A 内设备是 1 台钢管切割机 +1 台支护件定位装置，钢管 B 内设备是 1 台钢管切割机 +1 台钢管焊接机。图 4-14 为被切割的钢管及支护窗口。

图 4-14 被切割的钢管及支护窗口

采用等离子气刨进行钢管窗口的切割，钢管切割台车如图 4-15 所示。该台车由四部分组成：一部分是前后钢管支撑，前支撑靴 4 个，后支撑靴 4 个；第二部分是切割设备，由等离子切割电源、切割枪、供气系统、磁吸附等离子气刨小车等组成；第三部分为切割后钢板的顶出系统；第四部分为行走车架。

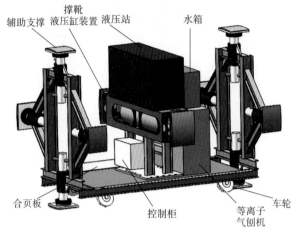

图 4-15　钢管切割台车

为配合支护件的焊接，设置了支护件定位及举升台车，如图 4-16 所示。该台车包括三部分：第一部分为前后钢管支撑，前支撑靴 4 个，后支撑靴 4 个；第二部分为支撑件举升系统；第三部分为行走机架。

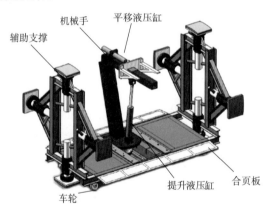

图 4-16　支护件定位及举升台车

1）磁吸附等离子气刨小车

气刨小车总体要满足结构、气刨方式、控制模块等要求，在钢管壁内切割，采用等离子气刨小车作业，避免了人工操作的危险，提升了管幕气刨效能。

磁吸附等离子气刨小车主要性能指标：

（1）可实现多级调速，以适用不同气刨速度。

（2）行走速度为 0 ~ 1250mm/min，可调。

（3）自身质量不超过 5kg，负载能力大于 15kg。

（4）永磁吸附力不小于 800N。

（5）越障能力大于 5mm。

磁吸附等离子气刨小车如图 4-17 所示，气刨切割试验如图 4-18 所示。

图 4-17 磁吸附等离子气刨小车

图 4-18 气刨切割试验

2）水平切割装置

如图 4-19 所示，钢管水平切割采用轨道式行走装置，带动等离子气刨喷枪，其切割速度和位移由逻辑控制器（PLC）控制。

图 4-19 水平切割装置

水平切割装置研发加工完成后现场使用情况如图 4-20 和图 4-21 所示，在实验室内和施工现场分别进行了测试，等离子磁吸附气刨小车的移动速度可在 0 ~ 1250mm/min 调节。

图 4-20 工地试验现场

图 4-21　工地切割现场

3）管幕管内自动焊接设备

为满足钢管内焊接要求，提高焊接效率和质量，优化焊接工艺，引入焊缝激光跟踪系统，以实现设备自动焊接。

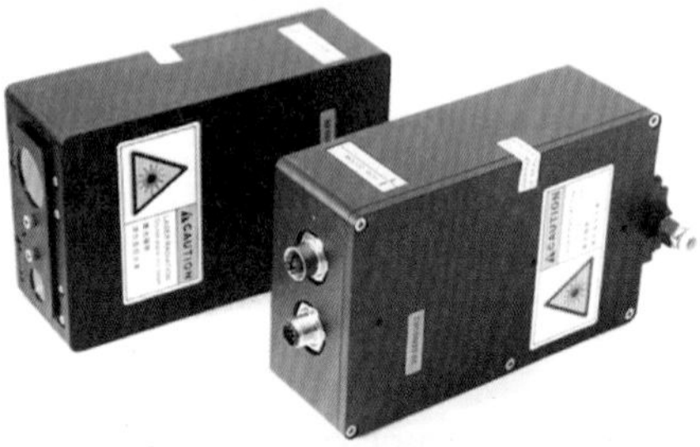

针对钢管内钢板焊接特点可采用两种自动焊接设备：一种是基于磁吸附小车的自动焊接设备，用于环缝焊接；另一种是基于水平导轨自动焊接设备，用于焊接水平焊缝。

焊缝跟踪系统设备如图 4-22 所示，焊缝跟踪系统设备主要参数见表 4-9。

图 4-22　焊缝跟踪系统设备

焊缝跟踪系统设备主要参数 表 4-9

项目	设备型号	高度测量量程（mm）	近端检测宽度（mm）	远端检测宽度（mm）	高度检测精度（mm）	宽度检测精度（mm）	跟踪器尺寸（mm）	光　　源	信号接口
参数	H6W0050	100	35	60	0.2	0.15	101.5×31×88	655nm 红色半导体激光	RS232

（1）基于磁吸附小车的自动焊接设备

设备由磁吸附小车（图 4-23）、焊机、送丝机构、焊枪、焊缝跟踪系统等部分组成。磁吸附小车通过小车轮和钢板间的永磁力吸附到钢管表面，焊缝跟踪系统自动引导焊接轨迹，电脑控制磁力小车的行走速度和焊接参数，焊机性能参数见表 4-10。

焊 机 性 能 参 数 表 4-10

项目	控制方式	输入电压	输入频率（Hz）	功率因数	焊材类型	通信方式	冷却方式	外形尺寸（mm）	质量（kg）
参数	全数字	3 相 380V	30～80	0.94	碳钢	模拟	风冷	300×480×620	48

在磁吸附小车上安装焊缝跟踪系统，将磁吸附小车吸附到管道起始位置，通过控制系统调整焊机参数以及小车行走速度，在焊缝跟踪系统的引导下完成管道和工件外角接焊缝的自动焊接。

（2）基于水平导轨的自动焊接设备

基于水平导轨的自动焊接设备由导轨、焊机、送丝机构、磁力吸盘、激光焊缝跟踪系统、摆动器及控制设备等组成，如图 4-24 所示。

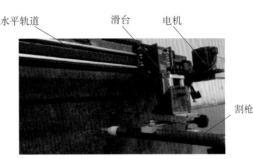

图 4-23　磁吸附小车　　　　图 4-24　基于水平导轨的自动焊接设备

通过两块磁力吸盘将导轨固定在钢管内壁，将焊枪和焊枪架安装在滑台上，通过 PLC 编程调节步进电动机转速，通过焊缝激光跟踪系统及时反馈焊缝状态，实现自动焊接控制。

4.3.2　设备应用效果

自动化切割支护系统在太原市迎泽大街下穿火车站通道工程现场应用中，共切割支护 $3.6 \times 20 = 72$ 延米，切割窗口数量为 $3 \times 20 = 60$ 个。单窗口切割及支护时间缩短到 2h，效率是人工切割支护的 8 倍。共用时 30d。

4.4 钢管混凝土施工技术

太原市迎泽大街下穿火车站通道工程通过对管幕段主体结构钢筋机械连接、自密实微膨胀泵送混凝土的施工工艺进行改进，收集不同灌注起点、方向、厚度及不同自密实混凝土配合比、混凝土强度、抗渗等参数，对比其不同参数对长大钢管内混凝土浇筑效果的影响，形成了钢管内钢筋混凝土施工技术。

1）管幕结构钢管混凝土施工工艺流程

为保证安全，管幕段主体结构钢管的切割、支护及主体结构施工按照纵向分段、水平分层施工。管幕段主体结构为 C40 自密实钢筋混凝土，抗渗等级 P8。

（1）水平分层

水平方向在竖向上分为上、中、下三层结构施工，第一层底板施工为 A18、A10 钢管的下部，第二层侧墙施工为 A20、A8 钢管的下部，第三层为顶板施工，分层如图 4-25 所示。

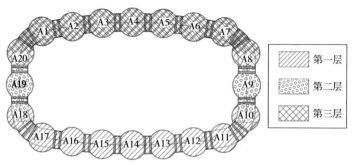

图 4-25　管幕结构竖向分层图

（2）纵向分段

北线车行通道管幕结构长 102.5m，其中轨下区域长 52m，非轨下区域长 50.5m；南线车行通道管幕结构长 107.6m，其中轨下区域为 50m，非轨下区域管幕长 57.6m；为保证安全，纵向上钢管结构切割、支护从中间往两侧工作井逐段施工，钢管结构切割、支护须分段进行，其中轨下区域每次施工一股道每段 5m，站台下方每次施工一座站台，并按间距 1.2m 布置支撑桩，并于横向钢板焊接，北通道管幕结构纵向分段和南通道管幕结构纵向分段如图 4-26 和图 4-27 所示。

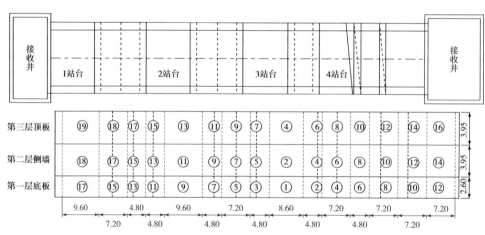

图 4-26　北通道管幕结构纵向分段图（尺寸单位：m）

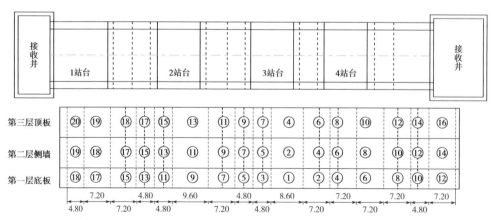

图 4-27　南通道管幕结构纵向分段图（尺寸单位：m）

（3）管幕段主体结构施工与钢管切割、支护的协调

管幕结构钢管切割、支护、主体结构施工按照竖向分层、纵向分段施工，如图 4-28 所示。

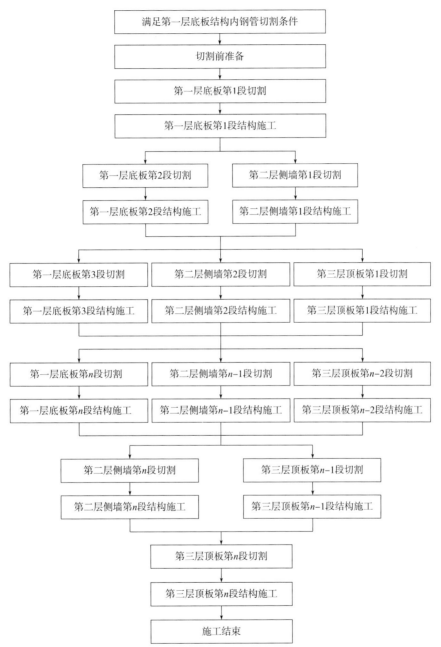

图 4-28　管幕结构钢管的切割、支护及主体结构施工工艺流程图

在纵向上，钢管切割、支护与主体结构施工交替进行，即钢管完成切割、支护后，立刻进行该钢筋混凝土结构施工，待该段钢筋混凝土结构施工完毕后进行下一段钢管切割、支护施工。依此循环。

在竖向上，待第一层底板钢筋混凝土结构施工完毕并达到设计强度后，方可进行第二

层钢管的切割、支护。

管幕结构钢管的切割、支护及主体结构施工工艺流程说明如下：

①切割准备即为切割前人、机、料准备以及技术准备。第几层第几段切割即为该结构段内管间切割。第几层第几段结构施工即为该结构段内管廊形成后，进行钢筋绑扎、混凝土浇筑施工。

②主体纵向范围内，单个工作井工区，管间切割最长同时完成长度为一个结构段，第一层底板第1段切割完成后，进行第一层底板第1段结构施工，待第一层底板第1段结构施工完毕后，方可进行第一层底板第2段及第二层侧墙第1段的管间切割施工。

2）钢筋的连接方式

钢筋的连接方式较为丰富多样，主要包括绑扎搭接法、焊接法、机械连接法三种。

（1）绑扎搭接法

绑扎搭接法是利用扎丝直接进行绑扎的方法，主要适合小直径钢筋，操作简单，只需施工人员用铁丝绑定。这种钢筋绑扎方式受施工现场天气和环境影响较大。该钢筋的绑扎结构主要作为加固的钢筋网应用于混凝土内部。

（2）焊接法

焊接法在施工现场使用较为普遍。焊接方式主要有两种：一种是搭接焊接，另一种是电渣压力焊接。两种方式在焊接之前，首先都要对钢筋表面附着的污染物进行清洁，防止影响焊接质量。搭接焊接方法是人工使用电焊机进行焊接，这种操作方法对施工人员的焊接技术水平要求较高，消耗电量大，消耗材料多，焊接操作时间长，施工过程也受天气和环境影响较大。这种焊接方法适合较短钢筋焊接。电渣压力焊接法是利用焊接电流将两根竖向或横向摆放的钢筋进行对接，利用电流在焊剂层下形成电弧和电渣过程，产生电阻热和电弧热熔化钢筋，并进行加压熔合完成对接的一种压焊方式。优点是质量稳定、工效高、成本低；缺点是污染环境，而且对施工人员的焊接技术水平要求较高。我国在一些高层建筑施工中应用广泛。

（3）机械连接法

机械连接法是一项新型钢筋连接工艺，是近些年来连接技术发展的最新趋势。其种类多种多样，主要分为：套筒挤压连接接头、锥螺纹连接接头、直螺纹连接接头，而直螺纹连接接头又被细分为镦粗直螺纹连接接头、滚压直螺纹连接接头两种类型。机械连接的连接原理是通过机械挤压力使连接件钢套筒塑性变形与带肋钢筋紧密咬合形成接头，属于"第三代钢筋接头技术"，是一种间接性传力的连接形式。

3）钢筋机械连接技术的优点

钢筋机械连接技术克服了钢筋绑扎技术浪费钢筋的缺点，并克服了钢筋烧伤或咬伤的缺陷，以及克服了在钢筋焊接过程中产生的焊接质量不稳定问题。具有接头强度高、操作性强、焊接速度快、污染小、节约材料、提高经济效益等优点。

从 20 世纪 90 年代开始，直螺纹连接技术成为了国际钢筋连接技术发展的最新趋势，其优点是连接质量稳定可靠，连接强度高，接头质量可靠稳定，操作简单，施工方便快捷。直螺纹连接技术的兴起与应用是钢筋连接技术发展史上的一次新的飞跃。

滚压直螺纹连接技术和其他连接方法相比具有加工工艺性能稳定、连接力学性能好、施工工艺性能和环保性好的优点，在工程应用实践过程中，采用滚压直螺纹连接技术，极好地解决了钢筋骨架在工程施工中的连接问题，推动了工程质量的发展和经济效益的提高。滚压直螺纹连接技术连接接头有三种类型：剥肋滚压螺纹、直接滚压螺纹、挤压肋滚压螺纹。这种接头技术近些年来成为工程建设中最为推崇的连接技术方式，节约了一大部分的成本。近年来，大量的工程建设应用证明，在机械连接技术的众多形式中，滚压直螺纹连接接头技术是施工应用最多，功效最佳，发展速度最快，连接最可靠，质量最稳定，经济效益最好的连接形式。钢筋滚压直螺纹连接技术在工程建设中已成为先导。

通过综合对比各个钢筋连接技术的优缺点，钢筋直螺纹套筒连接技术是最佳选用方法，操作简单、加工工艺和施工工艺性能好、焊接速度快，环境污染小。

4）直螺纹套筒等强连接技术因素

（1）等强直螺纹连接套筒影响

等强直螺纹连接是国内首创的一项新型连接技术，连接套筒生产时要严格按照生产规范生产，选用的材料一般是优质碳素结构钢或者低合金钢。不同的钢筋规格，螺纹公称尺寸、套筒长度和套筒外径也不同。套筒的规格和尺寸见表 4-11。

滚压直螺纹接头套筒规格与尺寸表　　表 4-11

钢筋规格	螺纹公称尺寸（mm）	套筒长度（mm）	套筒外径（mm）
25	M26×3.0	70	39
28	M29×3.0	80	44
32	M33×3.0	90	49
36	M37×3.0	98	54

（2）丝头加工

丝头加工应满足表 4-12 的要求。

滚压丝头加工尺寸　　表 4-12

钢筋规格	削肋直径（mm）	螺纹公称尺寸（mm）	丝扣圈数（圈）	丝头长度（mm）
25	23.7±0.2	M26×3.0	≥9	35
28	26.6±0.2	M29×3.0	≥10	40
32	30.5±0.2	M33×3.0	≥11	45
36	34.5±0.2	M37×3.0	≥9	49

（3）钢筋直螺纹接头

根据钢筋等级和工程应用要求，钢筋直螺纹套筒接头应满足高应力重复拉压指数、单向拉伸性能指标、大变形重复拉压指数、疲劳抗力指数、低温度等要求。根据重复拉压性能的差异，将接头等级分为三个等级：Ⅰ级、Ⅱ级和Ⅲ级，具体见表4-13和表4-14。

接头抗拉强度表　　　　表4-13

接头等级	Ⅰ级	Ⅱ级	Ⅲ级
抗拉强度	$f_{max}^0 \geq f_{xk}$ 或 $f_{max}^0 \geq 1.1f_{uk}$	$f_{max}^0 \geq f_{uk}$	$f_{max}^0 \geq 1.35f_{vk}$

注：f_{max}^0为接头试件实际抗拉强度，f_{xk}为接头试件中钢筋抗拉实际强度实测值，f_{uk}为钢筋抗拉强度指标值；f_{vk}为钢筋屈服强度标准值。

接头拉伸强度表　　　　表4-14

接头等级		Ⅰ级、Ⅱ级	Ⅲ级
单向拉伸	非弹性变形（mm）	$u \leq 0.1$（$d \leq 32$）	$u \leq 0.1$（$d \leq 32$）
		$u \leq 0.15$（$d > 32$）	$u \leq 0.15$（$d > 32$）
	总伸长度（%）	$\delta_{gt} \geq 4.0$	$\delta_{gt} \geq 2.0$
残余变形	残余变形（mm）	$u_{20} \leq 0.3$	$u_{20} \leq 0.3$
大变形反复拉压	残余变形（mm）	$u_4 \leq 0.3$ 且 $u_8 \leq 0.6$	$u_8 \leq 0.6$

注：u为接头的非弹性变形，u_{20}为接头经高应力反复拉压20次后的残余变形，u_4为接头经高应力反复拉压4次后的残余变形，u_8为接头经高应力反复拉压8次后的残余变形，δ_{gt}为总伸长率，d为直径。

5）钢筋施工工艺

（1）丝头加工工艺

丝头加工工艺流程为：钢筋检验→钢筋端面平头→丝头加工→丝头质量检验→带帽保护→连接套筒检验→分类存放。

（2）连接工艺

钢筋连接工艺流程为：材料就位→拧下套筒保护盖→丝头旋入套筒→接头拧紧→自检→做标记→施工检验。

（3）操作工艺

①钢筋检验：严格根据规范进行钢筋检验。

②钢筋端面平头：切割端头平面时要求较高，使钢筋端面光滑平整，不得扭曲，出现弯曲时应重新切割调整。

③丝头加工：丝头加工时适当加入水性润滑液。剥肋滚压直螺纹和标准型直螺纹丝头这两种类型的螺纹长度不应小于连接套筒长度的一半，允许加工误差小于2倍的螺距P；牙顶宽度大于0.3倍螺距的不完整螺纹累计长度不得大于2个螺纹的周长。

④丝头质量检验：丝头加工后，施工人员都要自行检查丝头质量是否符合要求。

⑤加工后的丝头需要带帽保护，防止螺纹被弄脏或损坏，并将合格的产品分类进行存放。

⑥钢筋连接：连接钢筋时，使用规格和型号相匹配、无污染、无损坏的合格钢筋和套筒，然后使用扳手等专用连接工具将其接头拧紧。

⑦做标记：将拧紧的接头与还没拧紧的接头分类标记。要求单边外露螺纹长度不应超过 2 倍的螺距 P。

⑧最后进行施工检查和验收，并分类存放。

6）自密实混凝土配合比的设计

根据大量的科研成果及工程原材料的特性，自密实混凝土配合比设计方法选用一种最有效的设计方法——固定砂石体积法。采用此方法的特点是：计算过程简便、各参数的物理意义明确且配制出符合要求的自密实混凝土。

采用固定砂石体积法进行自密实混凝土配合比设计时参数主要有：石子的松堆体积 A、砂的体积含量 B、水灰比 C、矿物掺合料的体积含量 D。C40 自密实混凝土配合比试验严格按照《自密实混凝土设计与施工指南》（CCES 02—2004）及自密实混凝土配合比设计相关资料的要求与规定，C40 自密实混凝土配合比方案设计如下：

（1）设 1m³ 混凝土中石子松堆体积 $A=0.5 \sim 0.55\mathrm{m}^3$，计算石子掺量 M_A。

$$M_A = \rho_{OA} \times A \qquad (4\text{-}7)$$

式中：ρ_{OA}——石子的堆积密度（kg/m³）。

（2）计算 1m³ 混凝土中石子密实体积 V_E。

$$V_E = \frac{M_A}{\rho_E} \qquad (4\text{-}8)$$

式中：ρ_E——石子的表观密度（kg/m³）。

（3）确定含气量：根据《自密实混凝土应用技术规程》（CECS 203—2006）中规定及试验原材料的特点，含气量取 2.0%，即含气量体积为 0.02m³。

（4）计算砂浆密实体积 V_F。

$$V_F = 1 - V_E - 0.02 \qquad (4\text{-}9)$$

（5）设砂浆中砂体积含量 $B=0.42 \sim 0.44$，计算砂密实体积 V_G。

$$V_G = B \cdot V_F \qquad (4\text{-}10)$$

（6）计算 1m³ 混凝土中砂子掺量 M_G。

$$M_G = \rho_G \cdot V_G \qquad (4\text{-}11)$$

式中：ρ_G——砂的表观密度（kg/m³）。

（7）计算水泥浆密实体积 V_H。

$$V_H = V_F - M_G \qquad (4\text{-}12)$$

（8）由混凝土设计强度等级，计算并调整水灰比 W/B。

$$f_{cu,0} = f_{cu,k} + 1.645\sigma \qquad (4\text{-}13)$$

$$\frac{W}{B} = \frac{\alpha f_{ce}}{f_{cu,0} + \alpha \beta f_{ce}}$$ （4-14）

$$f_{ce} = \gamma_c \cdot f_{ce,g}$$ （4-15）

式中：$f_{cu,0}$——混凝土配制强度（MPa）；

$f_{cu,k}$——混凝土立方体抗压强度标准值（MPa）；

f_{ce}——水泥 28d 抗压强度的实测值（MPa）；

σ——混凝土强度标准差（MPa）；

α、β——回归系数，分别为 0.46 和 0.07；

$f_{ce,g}$——水泥强度等级值（MPa）；

γ_c——水泥强度等级值的富余系数，根据实际统计资料确定。

7）自密实混凝土部分物理性能试验

水泥选用 P·O 42.5 级水泥，主要材料组成见表 4-15。细集料采用普通河砂，细度模数为 2.4；粗集料为 5～25mm 连续级配碎石；粉煤灰选用 11 级粉煤灰；减水剂选用聚羧酸系高效减水剂，减水率为 25％。自密实混凝土设计强度为 C40，混凝土配合比及工作性见表 4-15、表 4-16。

P·O 42.5 级水泥的材料组成　　　　　表 4-15

成　　分	含量（％）	成　　分	含量（％）	成　　分	含量（％）
SiO$_2$	22.16	CaO	64.27	SO$_3$	2.03
Al$_2$O$_3$	5.03	MgO	1.16	Fe$_2$O$_3$	5.25

自密实混凝土的配合比及工作性　　　　　表 4-16

材料组成（kg/m³）						水灰比	坍落度（mm）	扩展度（mm）
水泥	粉煤灰	砂	粗集料	水	减水剂			
440	110	800	832	180	805	0.33	265	600

8）管幕段混凝土施工

（1）施工准备

①材料要求

水泥采用 P·O 42.5 级普通硅酸盐水泥。砂宜采用级配 Ⅱ 区的中砂，天然砂的含泥量 ≤ 3.0％，泥块含量 ≤ 1.0％。石子宜采用连续级配或者 2 个及以上单粒径级配搭配使用，最大公称直径不宜大于 16mm，针片状颗粒含量 ≤ 8.0％，含泥量 ≤ 1.0％，泥块含量 ≤ 0.5％。水自密实混凝土的拌和用水及养护用水应符合《混凝土用水标准》（JGJ 63—2006）的规定。外加剂应满足混凝土耐久性要求且符合相应标准的技术要求，其掺量应根据施工要求，通过试验室确定。

②作业条件

办完钢筋隐检手续，注意检查马凳、垫块，以保证保护层厚度，外侧 50mm，内侧 40mm。核实墙内预埋件、预留通气管等位置、数量及固定情况。检查端头模板拼接是否严密，各种连接件是否牢固。检查并清理模板内残留杂物。

（2）自密实混凝土的检查

①根据设计要求及规范，确定自密实混凝土的配合比。

②自密实商品混凝土进入施工现场时的坍落度为 260 ～ 280mm，扩展度（5s）为 760 ～ 850mm，和易性良好，目视无泌水、离析现象。

③混凝土进入施工现场后由现场技术人员、监理工程师验收合格后方可进行浇筑。

（3）混凝土浇筑

①自密实混凝土的运输

应保持混凝土拌合物的均匀性，不应产生离析、分层和前后不均匀现象。运输时间符合规定要求，在 90min 内卸料完毕；当最高气温低于 25℃时，运送时间可延长 30min。混凝土运输到现场，罐车必须低速运转不停，出料前，高速运行 1min。

②泵送混凝土

自密实商品混凝土用泵送浇筑时泵送速度降至最低，自密实混凝土浇筑最大水平流动距离应根据施工部位具体要求确定，且不宜超过 7m，每 7m 设置一处布料点，自密实混凝土的浇注点要分布均匀。底板混凝土浇筑时，在 A12、A16 钢管内布置泵管如图 4-29 所示；顶板混凝土浇筑施工时，在 A2、A6、A20 及 A8 钢管内布置泵管如图 4-30 所示。施工时两根泵管同时浇筑，及时观察两侧混凝土浆面的高差，严格控制在 400 mm 以内，混凝土连续进行浇筑，间隔时间不超过 2h。

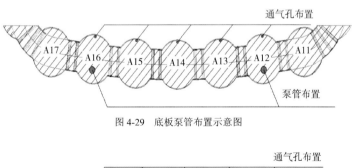

图 4-29 底板泵管布置示意图

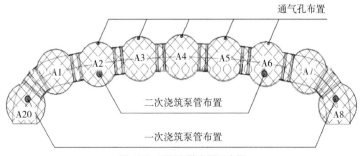

图 4-30 顶板泵管布置示意图

③混凝土强度试件制作

将混凝土搅拌均匀后直接倒入试模内，不得使用振动台和插捣方法成型。上下排钢管每段钢管浇筑前应在钢管的顶部设置一根 ϕ20mm 聚氯乙烯管（PVC 管）作为通气孔使用，并在相邻位置设置一根直径 50mm 钢花管用于管内混凝土初凝后及时注水泥浆填充管内孔隙。钢花管溢浆孔直径为 6mm，间距 30cm，梅花形布置，安装前用透明胶带封堵，每段钢管内的钢花管为通长布置。

9）拆模养护

常温时混凝土强度大于 12MPa（根据拆模试块试验强度合格后），使混凝土强度达到 12MPa 时拆模。保证拆模时墙体不粘模、不掉角、不裂缝。由于只有端头拆模，故拆除后及时对端头保持混凝土湿润养护。

10）施工工艺的改进

（1）钢筋交叉点采用 22 号火烧丝扎牢，钢筋绑扎时，配置的钢筋级别、直径、根数和间距符合设计要求，绑扎的钢筋网无变形，松脱现象。顶板及底板钢筋绑扎时上层钢筋网片使用马凳架立，间距 1m，梅花形布置，以保证上层钢筋网位置的准确。侧墙钢筋绑扎时竖向钢筋放在外侧，水平钢筋放在内侧，上下及两端二排钢筋交叉点每点扎牢，中间部分每隔一根相互成梅花式扎牢。两层钢筋网之间按要求设置 ϕ12mm@200mm×300mm 拉筋，梅花形布置。相比于一般的钢筋绑扎，该钢筋绑扎施工方法方便快捷，能够很好地达到施工质量要求。

（2）管幕段主体混凝土为早强、自密实、微膨胀 C40 混凝土，抗渗等级 P8，全部使用商品混凝土，采用罐车运输到现场，采用地泵泵送至施工段。混凝土采取分段分层推进方式，一次浇筑完毕。能够有效地节约混凝土浇筑时间，提高工作效率。

（3）上下排钢管每段钢管浇筑前应在钢管的顶部设置一根 ϕ20mm PVC 管作为通气孔使用，并在相邻位置设置一根 ϕ50mm 钢花管用于管内混凝土初凝后及时注水泥浆填充管内孔隙。钢花管溢浆孔直径为 6mm，间距 30cm，梅花形布置，安装前用透明胶带封堵，每段钢管内的钢花管为通长布置。相比较一般的混凝土浇筑方法，该混凝土浇筑施工方法，能够有效地提高混凝土浇筑质量，使混凝土很好地达到设计强度，能有效提高工作效率。

（4）在廊道内进行结构钢筋绑扎与混凝土浇筑，依次循环，最终形成永久的主体结构。主体结构施工同样按照分层、分段施工。为减少施工循环，轨下段主体结构每次浇筑段长为 5～6m，非轨下段为 8～9m。相比于一般施工流程，该施工流程设计合理，能够最大限度地利用现有资源，提高工作效率，节约成本。

第5章
管幕预筑结构施工变形规律
分析与变形控制技术

 5.1 顶管施工地层变形规律分析

管幕施工对土体及构筑物是一个复杂的土体扰动过程，分析各种可能的因素及其共同作用下的力学效应至关重要。对土压平衡式顶管机，在推进中可能对周围环境造成影响的因素有掌子面部位的土仓压力、正负地层损失、顶进中管道与土层间减摩触变泥浆的压力及分布，以及顶进纠偏等。相比与土压平衡顶管机，敞开式顶管机在推进中可能对周围环境造成影响的因素不必考虑维持掌子面稳定的土仓压力。

1）顶管施工影响因素分析

（1）土仓压力

土压平衡顶管推进中土仓压力（或正面推力）大小关系到掌子面的稳定性、隧道超欠挖及地表沉降等问题。一般要求前仓压力处于切削刀盘中心处土体的主动和被动压力之间，可基本维持顶管推进的掌子面稳定状态。上海软土地区的经验证明，如果实际操作中控制前仓压力处在刀盘中心处土层静止土压力上下20kPa范围内，则顶进正面推力对周围土层及构筑物产生的影响较小。在顶进施工时，如果出土太慢，会使顶管机正面顶进压力过多地超过静止土压力，前方一定区域内的土体将会受到挤压，引起地表隆起，发生欠挖现象；如果出土太快，又会使顶管机正面顶进压力小于静止土压力，当过于偏小时，机头前方土体将过量涌入前仓，引起前方土体及临近构筑物卸载，进而引起地面沉降和超挖现象。

（2）顶管与土层间隙注浆充填

由于顶管机刀盘与钢管外径尺寸差异而在钢管与土层之间形成一定厚度的空隙，在顶进过程中一般要进行同步注浆充填和二次补充注浆，以便在钢管与周围土体之间形成完整的泥浆层。该浆液为减阻泥浆，浆液静止状态时为胶凝固态状，扰动后又变为溶胶液态状，起到减阻作用。泥浆层一方面起润滑作用，减小顶管推力；另一方面可以支撑土层，防止土体坍塌，减小土体变形及地面沉降。需要指出的是，浆液的组成与注浆压力对减阻作用和控制地表变形效果影响较大。

（3）顶进阻力

钢管顶管过程中受到的阻力一般包括迎面阻力和管周的摩擦阻力，实际施工过程中还要考虑顶进偏差带来的顶进力增大的情况。土压平衡式顶管机的迎面阻力主要包括刀具上的切削阻力和切削面上的压力两部分。管周摩擦阻力为钢管推进时外部管壁与泥浆之间产生的摩擦阻力，其影响因素较多，有埋深、管径大小、顶进速度、泥浆层厚度及流体黏性系数等。

2）顶管模型建立及过程

（1）模型几何尺寸和网格

管幕预筑法为群管顶进，现取单根顶管研究地层沉降规律。建立数值模型，简化计算，将土层视为均匀土层。顶管直径为2m，顶管埋深为9m。整个模型长度为100.8m，宽度为42m，高度为30m，如图5-1所示。模型边界条件设置：约束左右及前后边界水平位移，底部边界约束水平和竖直自由度，顶面为自由面。

由于在实际工程当中，顶管机刀盘直径比顶管机外壳直径稍大，以及顶管机外壳直径比钢管直径大，所以模型考虑两个环形间隙，故模型包括地层、钢管和顶管机外壳的间隙、顶管机外壳与开挖洞径的间隙、开挖土体，具体分组如图5-2所示。

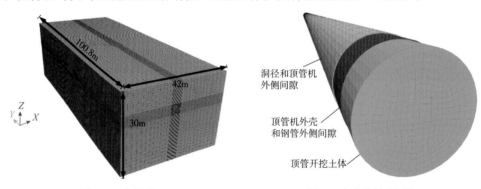

图5-1 几何模型　　　　　图5-2 泥浆分组示意图

计算模型中土体采用实体单元模拟，且均采用莫尔—库仑本构模型。泥浆为实体单元，采用线弹性本构模型。顶管机及钢管采用壳单元模拟，采用线弹性本构模型。顶管机和洞径之间间隙由于软件计算的原因，不可设置为空模型，故使用较小参数模拟间隙。

（2）模型参数

模型中不同材料的力学参数见表5-1。

材 料 力 学 参 数　　　　　　　表5-1

项　目	重度（kN/m³）	弹性模量（kPa）	泊 松 比	黏聚力（kPa）	内摩擦角（°）
钢管	78.5	2.1×10^8	0.31	—	—
顶管机	78.5	2.1×10^8	0.31	—	—
泥浆	10.2	300	0.30	—	—
间隙	10.2	30	0.35	—	—
土层	19.0	4×10^4	0.28	17.5	18.5

（3）模拟过程

建立三维实体模型，赋予土层参数，对模型施加重力及边界条件，形成重力影响下的初始应力场及位移场。在正式开挖之前，将模型的位移、速度以及塑性区进行清零，保留模型的地应力场。

顶进过程中，不考虑钢管之间的接触问题；顶管推进过程中不考虑时间效应，只考虑顶进空间距离的变化。开挖土体，即为设置空单元。开挖四周土体进行应力释放，施加掌子面正面推力，考虑为梯形荷载。删除后方顶管机结构单元，激活前方顶管机结构单元和钢管结构单元，赋予间隙和泥浆参数，以及选取对应位置的节点施加环向注浆压力进行计算。计算平衡之后，依次循环进行开挖，每次开挖 2.4m。实体单元和结构单元分区位置如图 5-3、图 5-4 所示，注浆压力和土仓压力的施加方式如图 5-5 所示。

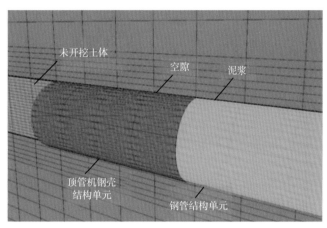

图 5-3　顶管结构单元划分

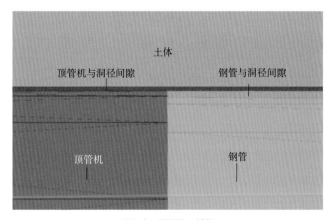

图 5-4　顶管单元划分

5.1.1　顶进设备选型对地表沉降的影响分析

顶管机大体可分为敞开式和盾构式两种，如图 5-6、图 5-7 所示。

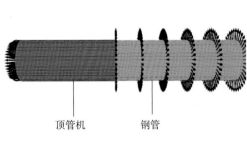

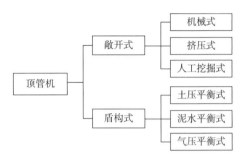

图 5-5　土仓压力和注浆压力施加　　　　　　　图 5-6　顶管机分类

a）敞开式顶管机　　　　　　　　　　　　　　b）盾构式顶管机

图 5-7　顶管机

　　盾构式顶管机具有刀盘，将顶管机进行封闭，常见形式有土压平衡式、泥水平衡式、气压平衡式。顾名思义，三种平衡式顶管机分别是通过调节出泥仓的土压力、泥水压力、气压的大小来稳定开挖面的。

　　敞开式顶管机的形式很多，主要归纳为机械式、挤压式和人工挖掘式三类。机械式指采用机械方法掘进的顶管机，例如全断面钻削、滚削等；挖掘机械有固定的，也有移动的。挤压式是依靠顶力挤压出泥的顶管机；人工挖掘式是最简单的顶管机，工作面可视性好，容易发现前方障碍物。

　　顶管机的选择要建立在施工场地的地质条件之上，根据工程地质勘察资料确定顶管机的类型。盾构式顶管机和敞开式顶管机在不同地层条件的适用情况见表 5-2。首先要了解顶管机的结构工作原理以及使用业绩，和生产厂商沟通交流，做好核实和调查研究。选择顶管机需满足设计要求，如顶进管的直径、材质、顶进的长度和线型、工作坑和接收坑的构筑形式、覆土深度等条件。顶管机选择不仅需要与地面条件相适应，在既有建（构）筑物条件下，对于沉降的要求更高，也要满足地下条件，考虑是否有管线、地下水及障碍物。

顶管机选型参考　　　　表 5-2

地 层 类 型		敞开式顶管机			盾构式顶管机		
		机械式	挤压式	人工挖掘式	土压平衡式	泥水平衡式	气压平衡式
无地下水	胶结土层、强风化岩层	☆☆					
	稳定土层	☆☆		☆☆			
	松散土层	☆	☆	☆☆			
地下水位以下地层	淤泥土（地基承载力 30kPa）		☆		☆☆	☆	☆
	黏性土（含水率 >30%）		☆☆		☆☆	☆	☆
	粉性土（含水率 <30%）				☆	☆☆	☆
	粉性土				☆	☆☆	☆
	砂土（渗透系数为 1×10^{-4}cm/s）					☆☆	☆☆
地下水位以下地层	砂土（渗透系数为 $1\times10^{-4}\sim1\times10^{-3}$cm/s）					☆	☆☆
	砂砾土（渗透系数为 $1\times10^{-3}\sim1\times10^{-2}$cm/s）					☆	
	含障碍物						☆☆

注：表中☆☆为首选机型，☆为可选机型，无星为不宜选用机型。

由于刀盘形式和破碎工具在不同地层的适用性有所差异，故地层类型对顶管机刀盘的选择起决定作用。将顶管掘进地层分为五种：无黏性松散地层、黏性软地层、硬岩层、复杂地层，对应常用的刀盘形式有车轮式刀盘、挡板式刀盘和岩石刀盘，选择合适的刀盘有利于提高施工速度和减少刀盘磨损，不同地层的刀盘形式选择可参考表 5-3。

（1）刀盘尺寸

顶管机的刀盘刀具外径比顶管机外径大 20 ～ 40mm，从而使得开挖的洞径比顶管机要大，减少了顶管的摩擦力。同时会导致顶管机和洞径之间会有间隙，周围土体松动，填充间隙向内收敛，导致地面变形。

（2）刀盘开口率

刀盘开口率是刀盘面开口部分面积与刀盘总面积比值。当顶管掘进黏性土层时，为防止黏土堵塞刀盘、提高开挖效率，应采用较大开口率，且开口尽量靠近刀盘中心，辐条式刀盘的开口率应达 60% 以上，才能保证渣土顺利排除。但在地下水位以下且水压较大的情况下，应减小开口率，以保证工作面稳定。

（3）破碎工具

为了破碎开挖面上的岩土体，必须在切削刀盘上镶嵌合适的破碎工具，破碎工具的正确选择也是决定顶管机据进速度和刀盘寿命的关键因素，直接影响施工效率和工程成本。

泥水平衡式顶管机的刀盘类型及应用范围　　　　　　　表 5-3

地　层	地层类型及性质		说　明	刀　盘　类　型
一般地层	淤泥层	$N \leqslant 30$	当 $N<3$ 时，需要采取辅助措施以保证顶进方向的可控性	带凿形齿和刮削齿的挡板式刀盘（标准刀盘）
	黏土层	$N \leqslant 30$		
	砂层	$N \leqslant 50$		
稳定的硬地层	硬化淤泥层	$N>30$	泥浆	带刮削齿的三翼辐条式刀盘（标准刀盘）
	硬化黏土层	$N>30$		
	砂层	$N>50$	风化的花岗岩	
砂层和卵砾石层	DN/ID 250～500	最大的卵砾石直径 ≤ 50mm，且粒径 ≥ 10mm 颗粒的含量 ≤ 20%	当渗透系数 $k>1 \times 10^{-2}$cm/s 时，需要采用相应的辅助措施	带凿形齿和盘状滚刀的挡板式刀盘（标准刀盘）
	DN/ID 600～2400	最大的卵砾石直径 ≤ 75m 且粒径 230mm 颗粒的含量 ≤ 30%		
含有孤石、漂石的砂层和卵砾石层	DN/ID 250～500	卵砾石直径 250mm 的颗粒的含量 ≤ 30%	—	带凿形齿和盘状滚刀的挡板式刀盘（标准刀盘）
	DN/ID 600～2400	卵砾石直径 210mm 的颗粒的含量 ≤ 30%		
岩层以及含有大块孤石、漂石的地层	漂石地层	颗粒大小和含量超出上述范围	—	带盘状滚刀的岩石切削刀盘（破碎孤石、漂石以及中硬岩层）；
	岩石层	单轴抗压强度 ≤ 150MPa，且石英的含量 ≤ 70%	盘状滚刀寿命决定施工长度	带刮削齿的四翼车轮式刀盘（软岩层）；带盘状滚刀和牙轮滚刀的岩石切削刀盘（硬岩层）

注：DN 表示钢管公称直径，ID 表示以内径标识的钢管公称尺寸，N 表示标准贯入锤击数。

根据《岩土工程勘察规范》（GB 50021—2001）的分类，按照颗粒级配和塑性指数可分为碎石土、砂土、粉土和黏性土。

（1）碎石土：粒径大于 2mm 的颗粒质量超过总质量 50% 的土。

（2）砂土：粒径大于 2mm 的颗粒质量不超过总质量 50%，粒径大于 0.075mm 的颗粒质量超过总质量 50% 的土。

（3）粉土：粒径大于 0.075mm 的颗粒质量不超过总质量 50%，且塑性指数小于或等于 10 的土。

（4）黏性土：塑性指数大于 10 的土为黏性土，黏性土又分为粉质黏土和黏土。塑性指数大于 10 且小于或等于 17 的土为粉质黏土，塑性指数大于 17 的土为黏土。

根据《工程地质手册》，将具有代表性土层参数列入表 5-4 中，探究不同的顶管机形式在不同地质条件下的适用性，结合工程的设计和需要，为选取最佳顶管机提供依据，以达到提高施工效率、降低施工成本的目的。

敞开式顶管机和盾构式顶管机的区别在于是否具有刀盘，体现在数值模拟的区别在于是否在掌子面施加压力，敞开式顶管机由于是机械开挖，无掌子面压力；盾构式顶管机是刀盘切削，有掌子面压力。

土 层 参 数　　　　　　　　　表 5-4

土层名称	密度 ρ （g/cm³）	天然含水率 w （%）	黏聚力 c （kPa）	内摩擦角 φ （°）	变形模量 E_0 （MPa）	弹性模量 E_0 （Pa）	泊松比
砂土	1.95	19～22	0	38	40	4.0×10^7	0.28
粉土	2	19～22	5	28	14	1.4×10^7	0.30
粉质黏土	2	19～22	15	23	21	2.1×10^7	0.30
黏土	1.85	30～34	30	17	16	1.6×10^7	0.35

为消除边界效应影响，提取模型 $y=50.4$m 横向数据绘制曲线，如图 5-8 所示，由图可知曲线形状关于顶管轴线对称，且呈 U 形，在模型横向两端有微微隆起趋势。

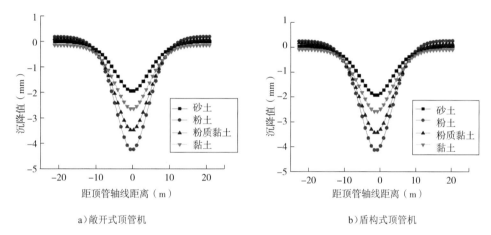

a）敞开式顶管机　　　　　　　　　　　　b）盾构式顶管机

图 5-8　不同土层下横向沉降曲线

同时顶管机掌子面的稳定性也是选型的重要指标之一。敞开式顶管机和盾构式顶管机，掌子面前方的纵向（Y 方向）位移云图如图 5-9 所示。

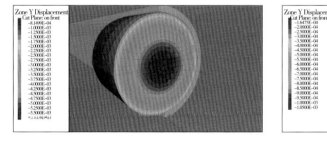
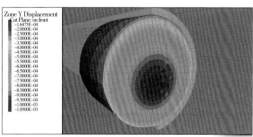

a）敞开式顶管机　　　　　　　　　　　　b）盾构式顶管机

图 5-9　掌子面纵向位移云图

提取顶管机在不同土层条件下的地表沉降和掌子面位移，为消除边界效应的影响，地表沉降取模型中间位置处最大沉降值；掌子面位移取当开挖到 33.6m，掌子面 Y 方向位移最大值，具体见表5-5。

地表沉降和掌子面位移（单位：mm） 表5-5

土层名称	敞开式顶管机		盾构式顶管机	
	地表沉降	掌子面位移	地表沉降	掌子面位移
砂土	-1.932	-2.082	-1.921	0.075
粉土	-4.246	-10.891	-4.083	-0.288
粉质黏土	-3.476	-6.488	-3.397	-0.197
黏土	-2.646	-5.836	-2.564	-1.094

通过对表5-5进行分析，可以得出不同土质地表沉降值从大到小的排序为：粉土 > 粉质黏土 > 黏土 > 砂土。比较分析可知，敞开式顶管机和盾构式顶管机两种机械设备在同一种土质当中，所引起的地表沉降相差较小，在粉土当中相差0.163mm，在砂土当中仅相差0.012mm。

比较两种顶管设备的掌子面位移，敞开式顶管机掌子面的 Y 向位移值从大到小的排序为：粉土 > 粉质黏土 > 黏土 > 砂土；盾构式顶管机掌子面的 Y 向位移值从大到小的排序为：黏土 > 粉土 > 粉质黏土 > 砂土。且通过比较得出，敞开式顶管机对于掌子面的水平位移变形较敏感，两种机型相差最大10.464mm，最小相差2.139mm。而盾构式顶管机由于机仓平衡掌子面土压力，掌子面更为稳定，水平位移更小。

含水率与土体强度关系密切，查询《工程地质手册》，针对粉质黏土不同含水率情况下进行取值模拟，探究敞开式顶管机和盾构式顶管机在不同含水率条件下对地表沉降的影响。粉质黏土不同含水率的物理指标见表5-6。

粉质黏土不同含水率的物理指标 表5-6

土层名称	含水率 w（%）	密度 ρ（g/cm³）	黏聚力 c（kPa）	内摩擦角 φ（°）	弹性模量 E_0（Pa）
粉质黏土	23 ~ 25	1.95	40	20	3.3×10^7
	26 ~ 29	1.90	25	19	1.9×10^7
	30 ~ 34	1.85	20	18	1.3×10^7
	35 ~ 40	1.80	10	17	9×10^6

通过赋予土体不同含水率的物理参数，对盾构式顶管机和敞开式顶管机分别进行计算，由于每个横向曲线数值相差不多，为避免边界效应的影响，选取模型中间位置绘制曲线，如图5-10所示。

由图5-10可以得出，沉降曲线符合派克（Peck）曲线分布。将沉降的最大值以及掌子面的位移提取统计汇总在表5-7中，由表可以看出，随着粉质黏土含水率的不断增大，沉降值也在不断增加，且两种顶管机在同一种含水率的条件下，盾构式顶管机沉降值比敞开式盾构机小。当含水率较大时，盾构式顶管机更有优势，沉降较小；当含水率较小时，敞开式顶管机和盾构式顶管机沉降相差不多。

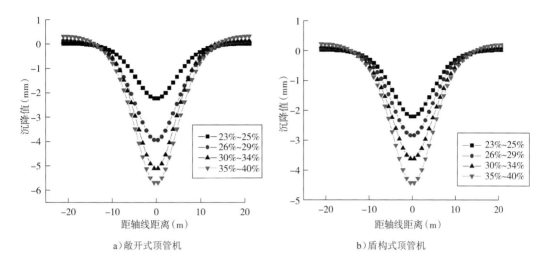

图 5-10　不同含水率横向沉降曲线

粉质黏土不同含水率沉降值　　　　　　　　　　　　　　　　　　表 5-7

含水率（%）	敞开式顶管机		盾构式顶管机	
	地表沉降（mm）	掌子面位移（mm）	地表沉降（mm）	掌子面位移（mm）
23～25	-2.21	-1.85	-2.19	0.378
26～29	-3.92	-5.61	-2.82	0.298
30～34	-5.09	-10.11	-3.60	-0.73
35～40	-5.68	-24.63	-4.42	-1.4

通过对比两种机型的掌子面的位移可以发现，当含水率较大时：敞开式顶管机的位移达到 24.63mm，掌子面位移较大，失去稳定性；盾构式顶管机施加土仓压力进行平衡，水平位移较小。比较得出，在同一含水率情况下，盾构式顶管机掌子面位移较小。

含水率是影响顶管机选型的重要因素。根据掌子面的稳定性进行判断，当地层含水率大于 30% 时，选择盾构式顶管机更合适；当地层含水率不大于 30% 时，两种顶管机都可选用。

5.1.2　土仓压力对地表沉降的影响分析

由于土仓压力是直接作用于掌子面上的，当土仓压力发生变化时首先受到影响的就是掌子面。顶管隧道施工过程中土仓压力需要与顶管机刀盘前部的土体压力和地下水压力保持平衡，此时可以将掌子面变形和地表变形控制在最合理的范围内。

盾构式顶管机土仓压力合理值一般介于主动土压力和被动土压力之间，按照梯形荷载進行施加。顶管埋深 9m，管径为 2m，则顶管中心处土侧压力值主动土压力值 P_a、被动土压力值 P_P 及静止侧压力值 P_0 分别按式（5-1）～式（5-3）计算。

$$P_a = \gamma z \tan^2\left(45° - \frac{\varphi}{2}\right) - 2c\tan\left(45° - \frac{\varphi}{2}\right) \tag{5-1}$$

$$P_p = \gamma z \tan^2\left(45° + \frac{\varphi}{2}\right) + 2c\tan\left(45° + \frac{\varphi}{2}\right) \tag{5-2}$$

$$P_0 = \gamma z \left(1 - \sin\varphi'\right) \tag{5-3}$$

式中：γ——土层重度（kN/m³），取 17kN/m³；

φ——土层内摩擦角（°），取 15.03°；

c——土层黏聚力（kPa），取 17.1kPa；

φ'——土层有效内摩擦角（°），黏性土一般为 0.5°～0.7°；

z——钢管轴心埋置深度（m），取 10m。

计算可得：P_a=303.744kPa，P_P=63.396kPa，P_0=111.341kPa。顶管在顶进过程当中，总沉降量是由土体损失引起的沉降量来抵消地表隆起量。为了更好地控制地表的沉降值，实现零沉降，故可将土仓压力值增大，使地表先隆起、后沉降。工况设置土仓压力分别是 100kPa、200kPa、300kPa、400kPa、500kPa，探究不同土仓压力对地表沉降的影响。

绘制出不同土仓压力下的横向地表沉降曲线，如图 5-11 所示。由图可知，曲线符合 Peck 曲线趋势，呈正态曲线分布，沉降的最大值均出现在顶管轴线的正上方。当土仓压力从 100kPa 增加到 400kPa 过程中，沉降值依次减少 0.203mm、0.203mm、0.151mm，由此可以得出随着土仓压力的增加、沉降值逐渐减小。土仓压力一般建议取 1.05～1.10 倍静止土压力，在沉降控制要求高时，土仓压力也可取 1.2 倍静止土压力，在此范围控制沉降效果较好。但不应超过被动土压力，否则地表会产生隆起。

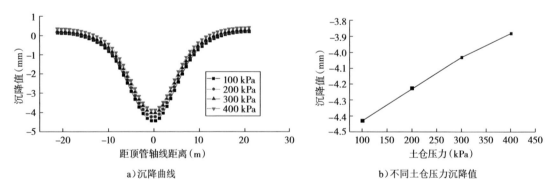

a）沉降曲线　　　　　　　　　b）不同土仓压力沉降值

图 5-11　不同土仓压力的横向地表变形

取顶管开挖到 33.6m 时，绘制不同土仓压力下地表纵向的沉降曲线，开挖面为零点，距离为正为未开挖土体，距离为负代表已经开挖，如图 5-12 所示。由图可知，随着土仓压力的逐渐增大，开挖面前方地表逐渐隆起，隆起值也随之增大；且随着土仓压力的增大，开挖面前方影响范围也随之增大。

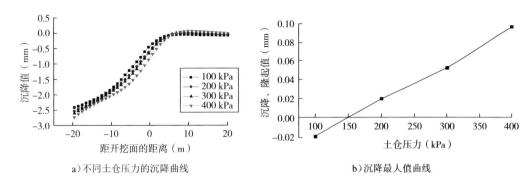

a）不同土仓压力的沉降曲线　　　　　　b）沉降最大值曲线

图 5-12　不同土仓压力的沉降曲线和沉降最大值曲线

5.1.3　减阻泥浆对地表沉降的影响分析

减阻泥浆是以膨润土为主、CMC 或其他材料等混合而成的溶液。顶管施工中浆液的作用为：①减阻作用，将顶进管道与土体之间的干摩擦转换为液体摩擦，减小顶进的摩阻力；②填补作用，浆液填补施工时管道与土体之间产生的空隙；③支撑作用，在注浆压力下，减小土体变形，使管洞变得稳定。

根据管径的不同，后续管节的直径一般比顶管机的直径小 20～50mm，管道与周围土体之间存在空隙；纠偏对土体一侧产生挤压作用，而另一侧由于应力释放也会形成空隙。因此，在顶管顶进的轨迹中存在许多的空隙。周围的土体要填补这些空隙，进而产生地面沉降。从注浆孔注入泥浆首先会填补管节与周围土体的空隙，进而形成泥浆套。泥浆套在注浆压力作用下传递压力，可有效维持隧洞稳定，减小沉降。所以，泥浆套的质量很大程度影响了地面沉降，在使用触变泥浆时候，按照管道周围土层的类别、膨润土的性质以及触变泥浆的技术指标选取不同的配合比。不同文献中泥浆物理参数取值统计见表 5-8。

泥浆参数取值统计　　　　　　　　　　　　　　　　　　　　　　　表 5-8

文 献 名 称	密度（g/cm³）	弹性模量（Pa）	泊松比	黏聚力（kPa）	内摩擦角（°）
并行顶管不同纵向间距下施工数值模拟分析	2400	1.0×10^5	0.28	—	—
顶管施工的地表沉降数值分析和顶力计算	1080	3.0×10^5	—	—	—
基于 FLAC3D 的顶管施工诱发地表沉降作用机理研究	2400	4.0×10^6	0.3	15	25

（1）弹性模量对地表沉降的影响

控制单一变量，固定泊松比为 0.30，设置泥浆不同弹性模量为 100kPa、500kPa、1000kPa、3000kPa，进行计算分析，计算结果如图 5-13 所示。

由图 5-13 可以看出，当泥浆弹性模量为 100kPa、500kPa、1000kPa、3000kPa 时，土体地表最大沉降值分别为 5.87mm、3.98mm、3.65mm、3.50mm。由此可以得出，随着泥浆的弹性模量增大，土体的沉降量减小。

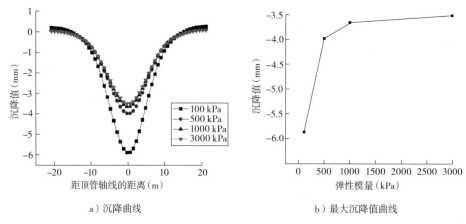

a）沉降曲线

b）最大沉降值曲线

图 5-13　不同泥浆弹性模量下地表沉降曲线

泥浆弹性模量从 100kPa 变为 500kPa 的过程中，对于地表沉降的控制效果变化明显，沉降减小 1.89mm；而弹性模量从 500kPa 变为 1000kPa、1000kPa 变为 3000kPa，沉降分别减小了 0.33mm、0.15mm。弹性模量大于 500kPa，沉降变化幅度不大，故在研究泥浆配合比的过程，尽量使得泥浆的弹性模量大于 500kPa，保证有效控制沉降。

（2）泊松比对地表沉降的影响

将弹性模量固定为 500kPa，设置泥浆不同泊松比为 0.25、0.30、0.35，进行计算分析，计算结果如图 5-14 所示。

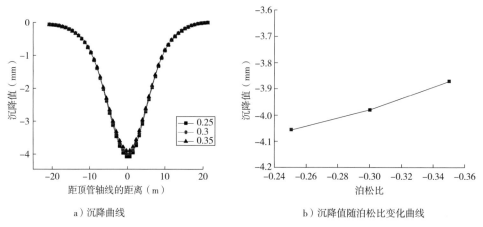

a）沉降曲线

b）沉降值随泊松比变化曲线

图 5-14　不同泥浆泊松比地表沉降曲线

由图 5-14 可以看出，当泥浆弹性模量一定时，泊松比作为变量，当泊松比为 0.25 的时候，土体最大的沉降量为 4.06mm；当泊松比为 0.3 时，土体最大的沉降量为 3.98mm；当泊松比为 0.35 时，土体最大的沉降量为 3.87mm。可以得出随着泥浆的泊松比的增加，土体的沉降减小。泊松比从 0.25 变为 0.3、0.3 变为 0.35，沉降量分别减小了 0.08mm、0.03mm。泊松比的改变，对于沉降的控制变化不明显。

因此，在进行泥浆的配比过程中，应重视泥浆浆液的弹性模量，以保证泥浆套的良好形成和沉降控制效果。

5.1.4　顶进顺序对地表沉降的影响分析

顶管数量众多，顶管次序常凭借经验进行判断，以下选取两种不同工况，即顶管按照从结构下层至上层、有间隔和无间隔进行对称顶进，选取两种工况中较好的方案。

工况 1：先顶进底部钢管，后顶进左侧和右侧，最后顶进顶部。间隔交替对称顶进。

工况 2：先顶进底部钢管，后顶进左侧和右侧，最后顶进顶部。依次连续对称顶进。

各工况钢管顶进顺序如图 5-15 所示。

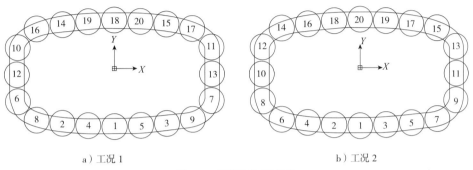

a）工况 1　　　　　　　　　　　　　　　b）工况 2

图 5-15　顶进顺序工况设置

提取间隔顶进工况 1 的计算结果，绘制曲线和沉降云图如图 5-16 所示。

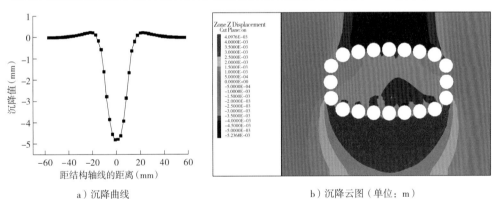

a）沉降曲线　　　　　　　　　　　　　b）沉降云图（单位：m）

图 5-16　间隔顶进最终沉降曲线和沉降云图

为了消除边界效应的问题，取整体模型纵向中部处横向进行数据分析，顶管顺序按照由下至上、间隔顶进的顺序进行施工，绘制每次顶进结束之后的最终沉降曲线，最大沉降值 -4.77mm。在钢管顶进的过程，地层损失，导致地表沉降，形成沉降槽，影响范围约为 44m，在模型表面设置监测点，在结构轴线上纵向 $y=50.4$m，将顶管顶进过程记录下来，整理如图 5-17 所示。由图可以得到，按着间隔顶进 1～12 号顶管（即结构下

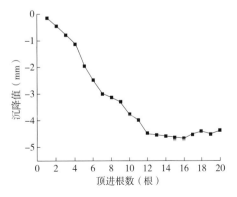

图 5-17　间隔顶进轴线累积沉降曲线

层和中层钢管），地表沉降不断地累积增加，曲线动态变化，始终呈 U 形。12～16 号顶

管顶进，可以发现沉降变化很小，当17～20号顶管顶进时，可以发现沉降值不降反升，由于注浆压力和土仓压力的作用，将上部土体轻微抬升，但是抬升幅度不大。故我们可以得出控制好注浆压力和土仓压力，可有效控制沉降。

提取顺序顶进工况2的计算结果，绘制曲线和所得沉降云图，如图5-18所示。

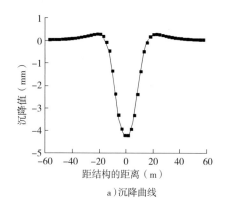
a）沉降曲线

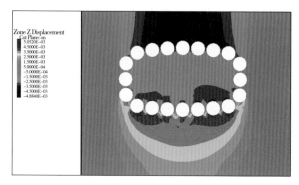
b）沉降云图（单位：m）

图5-18　顺序顶进沉降曲线和沉降云图

为了消除边界效应的问题，取整体模型纵向中部处横向进行数据分析，与上工况位置相同，顶管顺序按照由下至上、依次顶进的顺序进行施工，绘制每次顶进结束之后的最终沉降曲线，最大沉降值为 -4.25mm。在钢管顶进的过程，地层损失，导致地表沉降，形成沉降槽，影响范围约为44m。在模型表面设置监测点，在结构轴线上，纵向y=50.4m，将顶管顶进过程记录下来，整理如图5-19所示。由图可以得到，按着间隔顶进1～12号（即结构下层和中层钢管）顶管，地表的沉降不断地累积增加，曲线呈U形。当12～16号顶管顶进时，可以发现沉降变化很小；当17～20号顶管顶进时，可以发现沉降值不降反升。相对于间隔顶进来说，累积沉降变化曲线更加流畅，沉降变化量较均匀。

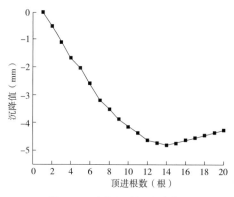

图5-19　顶进过程累积沉降曲线

对比工况1和工况2可以得出，顶管顺序不同，沉降量也不同。工况1最大沉降量为4.77mm，工况2最终沉降量为4.25mm，说明相比较来说工况2，顶管按照从下向上，依次顶进的顺序对地表的影响较小。

5.2　钢管切割对地表沉降的影响分析

　　管幕结构钢管切割、支护按照分层、分段施工。每层纵向上分成若干流水段，从中间往两侧同时施工，每段长度称为切割步距。在一个施工段内，钢管切割分为两次，如图 5-20 所示。第一次切割由里向外依次跳做，第二次切割在第一次切割、焊接钢板、钢管支护后进行。每次切割时先沿主体纵方向切割，然后再沿垂直方向切割，单次纵向长度称为切割长度。按照钢管在地层中的位置分为三层，有从上层向下层和从下层向上层两种切割次序。下面探究切割次序、切割步距、切割长度对沉降的影响。

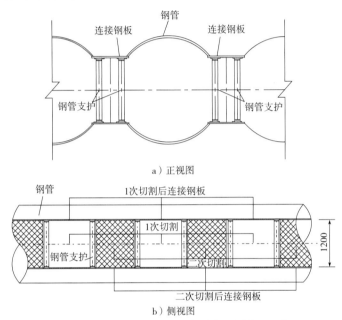

图 5-20　钢管切割长度及支护示意图（尺寸单位：mm）

　　钢管切割采用跳做，分为两次切割，如图 5-20 所示。第一次切割钢管之后（即删除对应位置的壳单元），挖除两钢管之间的土体（设置空单元），并连接钢板（对应位置设置壳单元），施作支撑（利用梁单元模拟钢管支护，在管间进行连接），由于第二次切割应及时进行，设置计算步为 100 进行计算。然后进行第二次切割钢管，挖出管间土体，连接钢板和设置支撑，浇筑混凝土（管间内部对应位置的实体单元赋予混凝土参数），进行平衡计算。两次切割完成，该流水段完成。横向方向，从管幕的中间向两端同时分段施工。竖向方向按照分层依次进行切割，完成一层切割后再进入下一层切割。

5.2.1　切割次序

　　切割过程将顶管间隔顶进的沉降结果作为初始状态，即在顶管阶段施工结束基础上继续管间作业阶段，进行切割、支护、浇筑混凝土等工序。

1) 工况设置

工况 1：竖向按照第三层、第二层、第一层的自下而上顺序进行切割支护浇筑。横向由中间到两端依次跳做，按照步距 8.4m，切割长度为 1.2m，来进行切割支撑。

工况 2：竖向按照第一层、第二层、第三层的自上而下顺序进行切割支护浇筑。横向由中间到两端依次跳做，按照步距 8.4m，切割长度为 1.2m，来进行切割支撑。

管幕预筑竖向分层如图 5-21 所示。

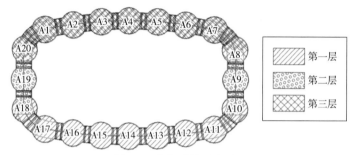

图 5-21　管幕预筑竖向分层图

2) 沉降和钢管应力规律

（1）沉降分析

绘制不同切割次序下的沉降云图和曲线，如图 5-22、图 5-23 所示。

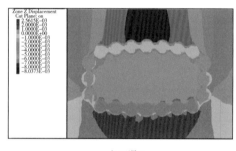 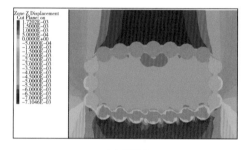

a）工况 1　　　　　　　　　　　b）工况 2

图 5-22　沉降云图

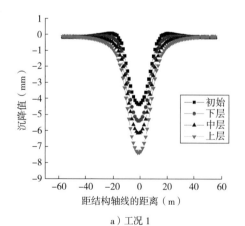 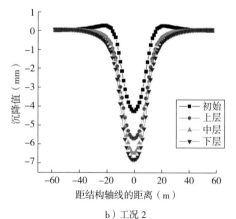

a）工况 1　　　　　　　　　　　b）工况 2

图 5-23　沉降曲线

工况 1 为自下层至上层进行施工，工况 2 自上层至下层进行施工。由沉降云图可以发现，先施工层的结构变形更大，说明当一层结构施工完成，进入受力状态，对后续施工有影响。由沉降曲线可知，曲线形状对称，呈现正态分布。沉降最大值都在结构轴线处。由工况 1 沉降曲线可以看出，每层施工结束之后，沉降值依次增加 1.07mm、0.77mm、1.25mm，最终沉降最大值为 7.34mm。由工况 2 沉降曲线可以得出每层施工结束之后，沉降值依次增加 1.70mm、0.52mm、6.81mm，最终沉降最大值为 6.81mm。

由表 5-9 统计每层切割后的沉降值可得，自下向上施工最大沉降值为 7.34mm，自上向下施工最大沉降值为 6.81mm，两者相差 0.53mm。分析可得，不同的切割次序，地面沉降值不同；选择自上向下切割次序较好，这是由于上层钢管施工完成之后，刚度较大，形成一个封闭帷幕，减少了中层及下层的切割浇筑对地面的影响。综上所述，选择由上至下的切割顺序对控制沉降效果较好。

不同切割次序沉降值（单位：mm） 表 5-9

自下层至上层最大沉降值		自上层至下层最大沉降值	
初始	-4.25	初始	-4.25
下层	-5.32	上层	-5.95
中层	-6.09	中层	-6.47
上层	-7.34	下层	-6.81

（2）应力分析

分析不同切割次序下钢管受力情况，应力云图如图 5-24、图 5-25 所示。

 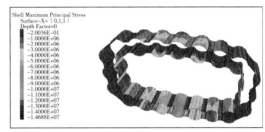

　　a）最大主应力　　　　　　　　　　　　b）最小主应力

图 5-24　工况 1 钢管应力云图（单位：Pa）

 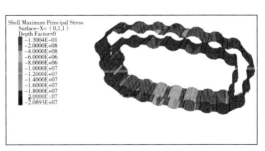

　　a）最大主应力　　　　　　　　　　　　b）最小主应力

图 5-25　工况 2 钢管应力云图（单位：Pa）

由图 5-24、图 5-25 可得，不同次序下的应力值不同，说明次序对钢管应力有影响。两种工况下拉应力（最大主应力）最大值和压应力（最小主应力）都存在于钢管和钢板焊接处，说明钢管与钢板连接处应力集中，受力复杂，在施工过程中应保证焊缝的质量。在上部顶管和结构的底部两侧部位，拉应力的值较大，底部中间位置钢管的压应力较大，说明底部钢管主要承担压应力，顶部钢管主要承担拉应力。

当切割次序由下向上的时候，最大主应力为 13.4MPa，最小主应力为 14.6MPa；当切割次序由上向下的时候，最大主应力为 15.7MPa，最小主应力为 20.89MPa；可以看出工况 1 的结构受力小于工况 2，两种工况下应力最大值都满足强度设计要求。

5.2.2 切割步距

1）工况设置

管幕预筑按照分层分段施工，竖向切割从下层向上层的顺序进行施工，当完成了一层主体结构的浇筑后，进行下一层的钢管的切割支护和浇筑。同层分为若干流水段，即为切割步距，横向切割由中间向两端依次进行跳做切割、支护和浇筑混凝土。设置三种不同工况，改变切割步距，分别是 6m、8.4m、10.8m，每次切割长度为 1.2m。按照不同切割步距划分切割位置（表 5-10），当第一个切割步距（流水段）切割、支护、浇筑完成之后进入下一个流水段，一层完成后进入下一层施工。

切割步距的循序位置（单位：m）　　　　　　　　　　　表 5-10

切割步距 （m）	循　环　步				
	1	2	3	4	5
6	47.4 ~ 53.4	47.4 ~ 41.3 和 53.4 ~ 59.4	41.3 ~ 35.3 和 59.4 ~ 65.4	35.4 ~ 29.4 和 65.4 ~ 71.4	29.4 ~ 23.4 和 71.4 ~ 77.4
8.4	46.2 ~ 54.6	46.2 ~ 37.8 和 54.6 ~ 63	37.8 ~ 29.4 和 63 ~ 71.4	29.4 ~ 21 和 71.4 ~ 79.8	21 ~ 12.6 和 79.8 ~ 88.2
10.8	45 ~ 55.8	45 ~ 34.2 和 55.8 ~ 66.6	34.2 ~ 23.4 和 66.6 ~ 77.4	23.4 ~ 12.6 和 77.4 ~ 88.2	12.6 ~ 1.8 和 88.2 ~ 99

切割步距 （m）	循　环　步				
	6	7	8	9	
6	23.4 ~ 17.4 和 77.4 ~ 83.4	17.4 ~ 11.4 和 83.4 ~ 89.4	11.4 ~ 5.4 和 89.4 ~ 95.4	5.4 ~ 0 和 95.4 ~ 100.8	
8.4	12.6 ~ 4.2 和 88.2 ~ 96.6	4.2 ~ 0 和 96.6 ~ 100.8			
10.8	1.8 ~ 0 和 99 ~ 100.8				

钢管切割如图 5-26 所示，下层切割焊接支护如图 5-27 所示。

a）第一次切割 　　　　　　　　　　　　　　 b）第二次切割

图 5-26　钢管切割示意图

图 5-27　下层切割焊接支护示意图

2）沉降和钢管应力规律

（1）沉降分析

绘制不同切割步距下的沉降云图和沉降曲线，如图 5-28、图 5-29 所示。不同工况下的沉降数据见表 5-11。

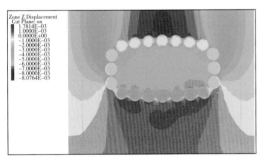 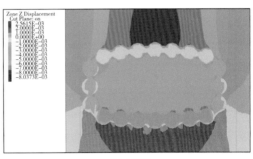

a）工况1 　　　　　　　　　　　　　　　　 b）工况2

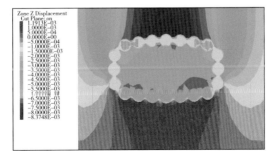

c）工况3

图 5-28　沉降云图（单位：m）

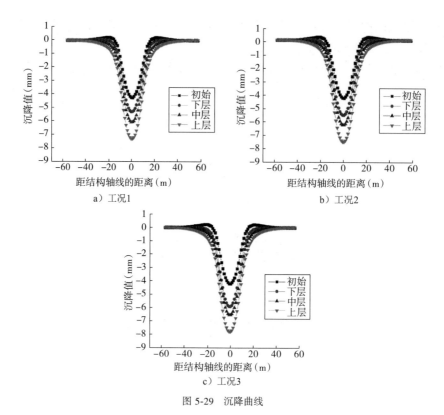

a）工况1

b）工况2

c）工况3

图 5-29 沉降曲线

不同切割步距沉降量（单位：mm ）   表 5-11

工　况	切割步距（m）		
	6.0	8.4	10.8
初始	-4.25	-4.25	-4.25
下层	-5.32	-5.52	-5.97
中层	-6.09	-6.24	-6.61
上层	-7.34	7.50	-7.90

　　工况 1 切割步距为 6m，工况 2 切割步距为 8.4m，工况 3 切割步距为 10.8m。三种工况每层施工结束后，地表沉降所得曲线与 Peck 曲线相符。切割步距 6m、8.4m、10.8m 分别对应的最终沉降 7.34mm、7.50mm、7.90mm，可以得出不同切割步距沉降值不同，说明切割步距对沉降有影响，随着按层施工的进行，沉降槽宽度也随之增大，对地层的影响范围也增大。

　　由图 5-29 可以得出：工况 1 每层施工结束之后，沉降值依次增加 1.07mm、0.77mm、1.25mm；工况 2，每层施工结束之后，沉降值依次增加 1.27mm、0.72mm、1.26mm；工况 3 每层施工结束之后，沉降值依次增加 1.72mm、0.64mm、1.29mm。通过对比发现，切割上层和下层钢管引起沉降较大，切割中层钢管沉降较小。这是由于在切割钢管过程中，上层和下层钢管临空面受重力影响较大，土层向钢管内收敛更明显，而中层钢管是竖直排列，受重力影响较小，引起沉降改变较小。步距大小会对地层沉降造成不同影响，这是因为步距决定临空面的面积大小，步距越大纵向累积切割长度越大，对土体扰动大，沉降值随之增大，步距和沉降呈正比趋势。

（2）应力分析

分析不同切割步距下钢管受力情况，三种工况下的钢管应力云图如图 5-30～图 5-32 所示。

a）最大主应力　　　　　　　　　　　　　　b）最小主应力

图 5-30　工况 1 钢管应力云图（单位：Pa）

 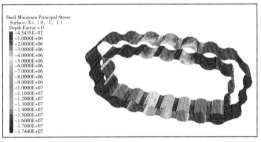

a）最大主应力　　　　　　　　　　　　　　b）最小主应力

图 5-31　工况 2 钢管应力云图（单位：Pa）

a）最大主应力　　　　　　　　　　　　　　b）最小主应力

图 5-32　工况 3 钢管应力云图（单位：Pa）

由图 5-30～图 5-32 可得，不同切割步距下，拉应力（最大主应力）最大值和压应力（最小主应力）都存在于钢管和钢板焊接处，说明钢管与钢板连接处应力集中，受力复杂。在上部顶管和结构的底部两侧部位，拉应力的值较大，底部钢管上侧的压应力较大，说明底部钢管上侧主要承担压应力，顶部钢管主要承担拉应力。

当切割步距为 6m 时，最大主应力为 13.4MPa，最小主应力为 14.6MPa；当切割步距为8.4m时，最大主应力为15.0MPa，最小主应力为17.4MPa；当切割步距为10.8m时，最大主应力为15.7MPa，最小主应力为20.8MPa。不同切割步距下的应力值不同，说明步距对钢管应力有影响。三种工况下最大值都满足强度设计要求。

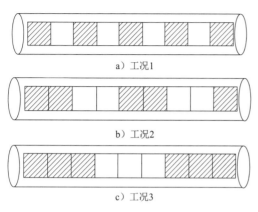

a）工况1

b）工况2

c）工况3

图5-33　不同切割长度示意图

一次切割，空白部分为第二次切割。

5.2.3　切割长度

1）工况设置

竖向按照第一层、第二层、第三层的顺序依次进行切割，每层按照从中间向两端进行切割。横向循环步距相同，都为10.8m。每次切割长度分为1.2m、2.4m、3.6m，如图5-33所示。每步距完成后进入下一个步距进行施工。

工况1：切割长度1.2m，阴影部分为第

工况2：切割长度2.4m，阴影部分为第一次切割，空白部分为第二次切割。

工况3：切割长度3.6m，阴影部分为第一次切割，空白部分为第二次切割。

2）沉降和钢管应力规律

（1）沉降分析

针对不同切割长度的计算结果，绘制沉降曲线和沉降云图，如图5-34、图5-35所示。不同工况的沉降数据见表5-12。

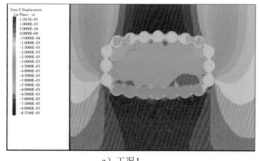

a）工况1

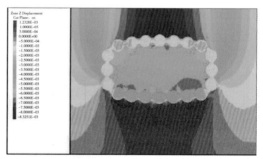

b）工况2

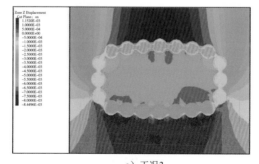

c）工况3

图5-34　沉降云图（单位：m）

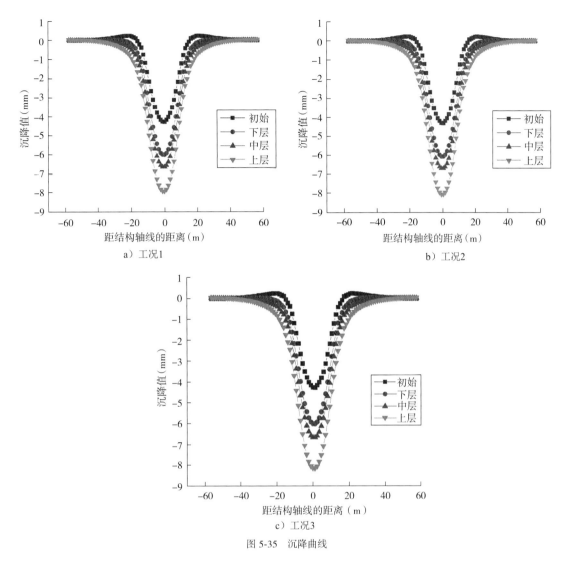

图 5-35　沉降曲线

不同切割长度沉降量（单位：mm）　　　　　　表 5-12

工　　况	切割长度（m）		
	1.2	2.4	3.6
初始	-4.25	-4.25	-4.25
下层	-5.97	-6.00	-5.99
中层	-6.61	-6.64	-6.65
上层	-7.90	-7.99	8.13

　　由图 5-34、图 5-35 和表 5-12 可得，每层施工结束后，地表沉降所得曲线的形状对称，呈 U 形。在沉降槽的两侧，土体微微隆起。工况 1 为切割长度为 1.2m，最终沉降最大值为 7.90mm；工况 2 为切割长度为 2.4m，最终沉降最大值为 7.99mm；工况 3 为切割长度为 3.6m，最终沉降最大值为 8.13mm。可以得出随着切割长度的增加，最终的沉降量也增加。

相对于切割步距来说，切割长度对沉降的影响程度更大。

　　工况 1 每层施工结束，沉降值依次增加 1.75mm、0.64mm、1.35mm，工况 2 沉降值每层施工结束后，分别增加 1.74mm、0.66mm、1.48mm，工况 3 每层施工结束分别增加 1.72mm、0.64mm、1.29mm。通过对比分析可得，切割上层和下层钢管引起沉降较大，这是由于上层和下层钢管临空面积更大，受重力影响，土体向内部收敛，中层钢管是竖直排列，受重力影响较小，引起沉降改变较小。

　　（2）应力分析

　　针对不同的工况，钢管应力云图如图 5-36 ～图 5-38 所示。

a）最大主应力　　　　　　　　　　　　　b）最小主应力

图 5-36　工况 1 钢管应力云图（单位：Pa）

a）最大主应力　　　　　　　　　　　　　b）最小主应力

图 5-37　工况 2 钢管应力云图（单位：Pa）

a）最大主应力　　　　　　　　　　　　　b）最小主应力

图 5-38　工况 3 钢管应力云图（单位：Pa）

　　由图 5-36 ～图 5-38 可得，不同切割长度下，拉应力（最大主应力）最大值和压应力

（最小主应力）最大值都存在于钢管和钢板焊接处，说明钢管与钢板连接处应力集中，受力复杂。在上部顶管和结构的底部两侧部位，拉应力的值较大，底部钢管的压应力较大，说明底部钢管上侧主要承担压应力，顶部钢管主要承担拉应力。

当切割长度为 1.2m、2.4m、3.6m 时，最大主应力分别为 15.7MPa、18.7MPa、19.9MPa，最小主应力分别为 20.8MPa、21.8MPa、25.8MPa。不同切割长度下的应力值不同，说明对钢管应力有影响。相对于切割步距来说，切割长度对应力影响程度更大。经比较，三种工况下应力都满足强度设计要求。

 ## 5.3　内部土方开挖对地表沉降的影响分析

采用管幕预筑法将管间阶段施工完成后，再进行结构内部的土方开挖。在管间作业阶段施工结束的沉降基础上展开管幕结构内部开挖施工研究，探究不同的开挖方法对沉降的影响，如图 5-39 所示。

　　a）全断面开挖　　　　　　　　　　　　　　b）台阶法开挖

图 5-39　开挖方法示意图

（1）工况设置

工况 1：全断面开挖法，从两端向中央同时开挖内部土体，每次开挖步长 5m。

工况 2：台阶开挖法，从两端向中央同时开挖内部土体，上下台阶错开 10m，每次开挖步长 5m。

（2）沉降分析

绘制管幕内部不同土方开挖方法的沉降云图和沉降曲线，如图 5-40、图 5-41 所示。

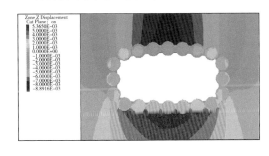 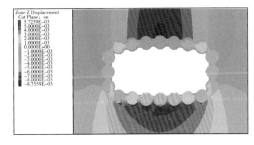

　　a）工况 1　　　　　　　　　　　　　　　b）工况 2

图 5-40　沉降云图（单位：m）

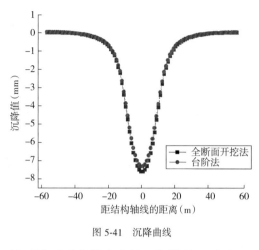

图 5-41　沉降曲线

部开挖可适当增大步长，加快施工速度。

通过对图 5-40、图 5-41 分析可得，不同开挖方法的最终沉降值不同。当采用全断面进行管内土体开挖时，最终沉降值为 7.51mm，比管内切割作业阶段沉降值增加 0.80mm；而采用台阶法进行开挖，最终沉降值为 7.22mm，比管内切割作业阶段沉降值增加 0.51mm。相对于整个施工过程，管幕结构内部开挖对沉降影响较小。这是由于在封闭的大刚度结构当中进行施工，起到保护的作用，故对地层沉降影响较小，在管幕结构内

 ## 5.4　地表沉降控制标准

通过对管幕预筑法施工结束后的沉降曲线进行拟合，将拟合曲线和计算曲线进行对比，如图 5-42 所示。同时得到 Peck 拟合公式以及具体的沉降槽宽度系数，由此制定出沉降控制标准。以沉降控制值为依据，提出对应的沉降控制措施。

$$y = 6.06 + 0.00735 \times \exp\left(-\frac{x-0.032^2}{147.92}\right) \quad (5\text{-}4)$$

由拟合公式可以得到沉降槽宽度系数 $i=8.61$，利用沉降槽宽度系数，结合前文不同

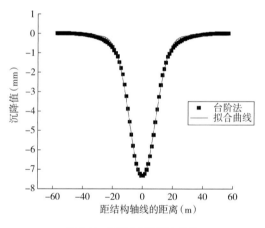

图 5-42　沉降曲线和拟合曲线

下穿条件的沉降标准公式，制定沉降控制标准值，得出下穿高速铁路、下穿普通铁路和下穿公路的沉降标准控制值分别见表 5-13 ～表 5-15。

下穿高速铁路沉降控制值　　　　　　　　　　　　表 5-13

下穿点列车实际运行速度 v（km/h）	$200<v\leqslant250$	$250<v\leqslant350$
沉降控制值（mm）	5.52	4.42

下穿普通铁路沉降控制值　　　　　　　　　　　　表 5-14

下穿点列车实际运行速度 v（km/h）	$v>160$	$120<v\leqslant160$	$80<v\leqslant120$	$v\leqslant80$	其他线路
沉降控制值（mm）	5.52	6.62	6.62	6.62	8.83

下穿公路沉降控制值　　　　　表 5-15

路面类型	水泥混凝土路面		沥青混凝土路面	
公路类型	高速公路、一级公路	其他等级公路	高速公路、一级公路	其他等级公路
沉降控制值（mm）	18.63	29.92	25.97	37.26

假定地表建筑结构为 C30 混凝土，按照《混凝土结构设计规范》（GB 50010—2010），结构混凝土强度等级取 C30，轴心抗拉强度标准值取 2.01MPa，轴向抗拉强度设计值取 1.43MPa，弹性模量为 30GPa，则此时允许地表沉降 S_{max}-53.6mm。同时结合倾斜值制定的沉降标准，考虑沉降槽宽度系数值 i，两者进行比较，取两者中的较小值，得出下穿建筑沉降控制值，见表 5-16。

下穿建筑沉降控制值　　　　　表 5-16

多层和高层建筑高度 H_g（m）	$H_g \leq 24$	$24 < H_g \leq 60$	$60 < H_g \leq 100$	$H_g \geq 100$
沉降控制值（mm）	31.36	23.52	19.60	15.68

结合国内 16 个典型下穿既有建（构）筑物工程实例，与沉降控制值相对比分析，可以得出本文制定的沉降控制标准和实际工程控制标准相近，具有实际意义。

施工过程中沉降动态实时发生变化，且沉降控制标准严苛，很容易在未到最终阶段或者刚进入最终开挖阶段时，施工沉降值已经超过了控制值。故将管幕预筑法施工按照顶管顶进、管间作业、管内开挖三个阶段的沉降值进行统计，见表 5-17。针对每个阶段沉降占总沉降的比例，提出分阶段的沉降控制值，以满足最终沉降控制值。

管幕预筑法地层沉降统计　　　　　表 5-17

群 管 顶 进		钢管切割混凝土浇筑		土 方 开 挖		总沉降（mm）
沉降（mm）	比例（%）	沉降（mm）	比例（%）	沉降（mm）	比例（%）	
4.25	58.8	2.56	35.5	1.06	5.7	7.22

根据下穿不同条件制定沉降控制标准值，按照各阶段沉降占总沉降的比例，制定出不同条件下的施工分阶段沉降控制值，见表 5-18。在管幕预筑法的各阶段采取控制措施，满足分阶段沉降控制标准，以达到最终满足沉降控制值的效果。

施工分阶段沉降控制标准值（单位：mm）　　　　　表 5-18

项　　目	类　　型	分阶段沉降控制标准值			沉降控制总值
		顶管阶段	管间作业阶段	管幕内部开挖阶段	
高速铁路	250km/h<v ≤ 350km/h	2.60	1.57	0.25	4.42
	200km/h<v ≤ 250km/h	3.25	1.96	0.31	5.52
普通铁路	v > 160km/h	3.25	1.96	0.31	5.52
	v ≤ 160km/h	3.89	2.35	0.38	6.62
	其他	5.19	3.13	0.50	8.83

续上表

项 目	类 型		分阶段沉降控制标准值			沉降控制总值
			顶管阶段	管间作业阶段	管幕内部开挖阶段	
多层及高层建筑	$H_g \geq 100m$		9.22	5.57	0.89	15.68
	$60m < H_g \leq 100m$		11.52	6.96	1.12	19.60
	$24m < H_g \leq 60m$		13.83	8.35	1.34	23.52
	$H_g \leq 24m$		18.44	11.13	1.79	31.36
公路	混凝土路面	高速公路、一级公路	10.95	6.61	1.06	18.63
		其他等级公路	17.59	10.62	1.71	29.92
	沥青路面	高速公路、一级公路	15.27	9.22	1.48	25.97
		其他等级公路	21.91	13.23	2.12	37.26

注：H_g 为建筑高度（m），v 为列车行驶速度（km/h）。

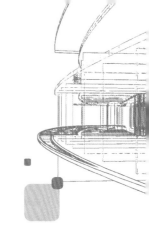

第6章
工程应用与现场监测分析

6.1 工程概况

太原市迎泽大街下穿火车站通道工程是迎泽大街东延的控制性工程,是太原市向东拓展的主通道之一。迎泽大街在太原火车站前分为上下行,分别从车站南北两端雨棚柱间下穿,太原火车站为百年老站,属于特等火车站,连接石太客运专线、大西高速线、南北同蒲铁路、石太铁路等,每天有140多次列车发往全国各地,施工时不能影响太原站的正常运营。主要工程为2座1～15m车行通道,通道总长度463m,其中管幕段总长210.1m(北侧车行通道管幕段长102.5m,南侧车行通道管幕段长107.6m),工程平面图如图6-1所示。

本工程南、北线通道管幕段各需顶进直径2000mm、壁厚20mm的钢管20根,管间距为165～235mm,钢管顶进完成后进行钢管切割支护焊接、结构钢筋绑扎、混凝土浇筑施工。道路等级为城市次干路,为两孔单向四车道,通道净高设置为4.5m。管幕段结构全宽18.2m、全高10.5m,设计车速近期为30km/h、远期为50km/h。管幕段横断面如图6-2所示。

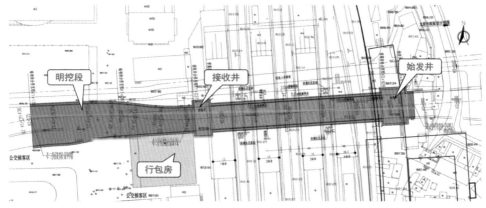

a)北线车行通道平面布置

图 6-1

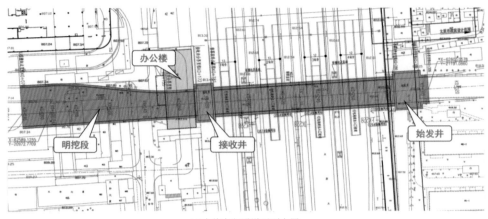

b）南线车行通道平面布置

图 6-1　工程平面图

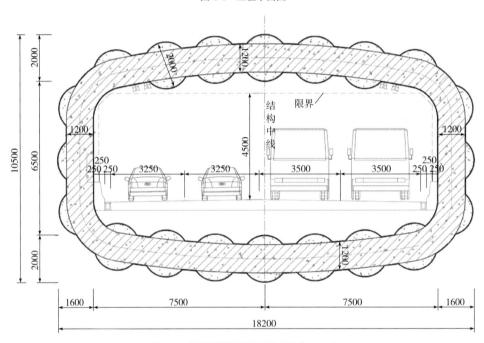

图 6-2　管幕段横断面图（尺寸单位：mm）

6.2 工程重难点

1）工法新颖、工艺复杂、施工可借鉴的同类型工程案例少

下穿太原站工程采用管幕预筑法进行施工，在国内案例较少，下穿火车站尚属首次。管幕实际最小覆土厚度仅为 2.7m，覆土厚度薄。同时管幕预筑法工艺复杂，顶管机顶进、置换泥浆套、钢管切割、钢板焊接、布置支撑柱、浇筑主体结构环环相扣，相互制约，施工难度大，技术含量高，通道纵断面如图 6-3 所示。

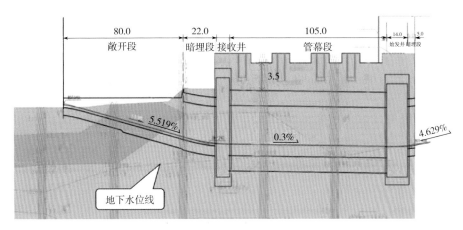

图 6-3　南线车行通道纵断面图（尺寸单位：m）

2）周边环境异常复杂

（1）太原站站内轨道多、站台多，通行火车量大，太原火车站是石太客运专线、大西高速线、南北同蒲铁路、石太铁路等多条铁路线的交汇点，站内有站台 4 座，正线、到发线 10 条，每日通行火车 140 余次，站台平面布置如图 6-4 所示。

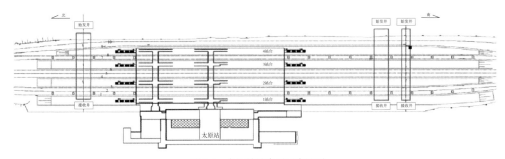

图 6-4　太原站站台平面布置图

（2）车站站台挡墙要求严格，站台挡墙采用 C30 钢筋混凝土结构，下部设置 1m 厚灰土垫层，纵向沉降缝间距 20m。南、北线车行通道管幕顶距站台挡墙最小净距为 1.8m，施工时站台挡墙严禁向股道侧倾斜，管幕预筑结构与站台位置关系如图 6-5 所示。

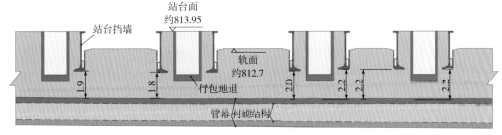

图 6-5　管幕预筑结构与站台位置关系（尺寸单位：m；高程单位：m）

（3）管幕钢管距无柱雨棚基础水平净距小，太原站采用无柱雨棚，雨棚为直径 560mm 的双柱钢结构，每个无柱雨棚基础下设置 4 根直径 500mm 的预应力混凝土管桩，桩长

23m，管幕钢管距离无柱雨棚基础最小为 1.35m，管幕预筑结构与无柱雨棚位置关系如图 6-6 所示。

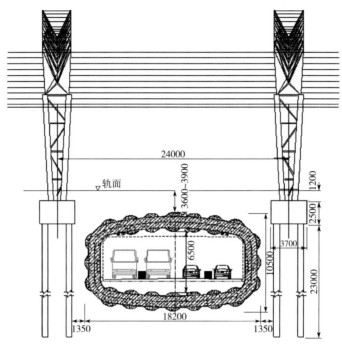

图 6-6　管幕预筑结构与无柱雨棚位置关系示意图（尺寸单位：mm）

（4）管幕顶与行包地道的垂直距离小，南通道需下穿既有行包地道出入口敞开段。地道出入口敞开段采用放坡开挖，钢筋混凝土结构，结构侧墙、底板厚45cm。南线车行通道管幕结构距离站台行包地道最小净距为1.2m，管幕预筑结构与行包地道位置关系如图 6-7 所示。

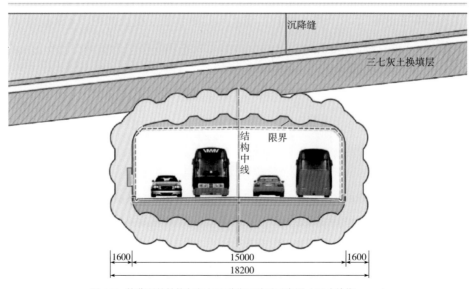

图 6-7　管幕预筑结构与行包地道位置关系示意图（尺寸单位：mm）

（5）管幕顶距站场排水暗涵距离近，火车站北端排水暗涵位于 2、3 组雨棚柱之间，暗涵为直径 1.0m 的圆管，钢筋混凝土结构，管幕顶距暗涵底仅为 250mm，管幕预筑结构与站场排水暗涵位置关系如图 6-8 所示。

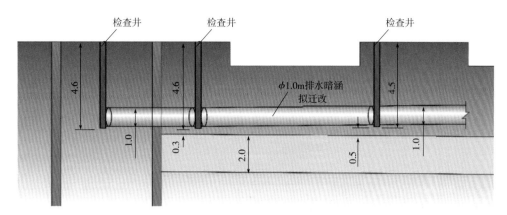

图 6-8　管幕预筑结构与站场排水暗涵位置关系（尺寸单位：m）

3）沉降控制难度大

（1）沉降控制精度高、地面沉降控制严格，路基最大允许沉降值为 10mm。如何控制地面沉降将成为本工程成败关键。

（2）在动荷载作用下施工难度大，太原站每日通行列车 140 余次，施工时不影响太原站正常运营，列车动荷载对轨道下土体扰动大，对管幕段施工影响大。

（3）管幕段施工区域地质复杂，管幕段施工区域上部为杂填土地层，下部为新黄土。太原站为百年老站，站内排水设施不畅，常年积水，对管幕段施工沉降控制影响严重。

4）穿越区域障碍物众多

太原站经过 5 次大型、20 多次小型站改，站内与管幕施工有影响的障碍物众多，如何处理障碍物是本工程存在的最大问题。

（1）原雨棚基础，在太原站采用无柱雨棚前，在站台上设置了钢筋混凝土雨棚，雨棚柱基础采用 φ1.2m 挖孔灌注桩，桩深为 10.0 ～ 13.8m。

（2）废弃接触网柱基础，下穿范围内存在废弃接触网基础，为钢筋混凝土结构，基础埋深 3 ～ 4m。

（3）废弃的轨枕、钢轨、电缆管线等障碍物。

5）大直径钢管顶进精度要求高

本工程南北通道管幕段各需顶进直径 2000mm 钢管 20 根，为群管顶施工，管间距仅为 165 ～ 235mm，钢管顶进施工相互影响制约，钢管顶进过程中一旦发生偏差，直接影响后续钢管顶进施工，施工时要求钢管顶进高程及轴线偏差≤ 20mm。

根据工程技术重难点分析，通过工程实例验证，确保施工安全，降低周边环境风险。

6.3 工程实施情况

太原火车站是石太客运专线、大西客运专线、南北同蒲铁路、石太铁路等多条铁路线的交汇点，站内有站台4座，正线、到发线10条，站内为有砟轨道。

1）变形控制标准

结合工程实例，根据《高速铁路有砟轨道线路维修规则（试行）》，路基沉降控制值见表6-1，路基沉降控制值、线路轨道静态几何尺寸容许偏差见表6-2。

路基沉降控制值　　　　表6-1

控　制　指　标	控　制　值
路基沉降	10mm
沉降平均速率	1mm/d
沉降最大速率	2mm/d

200～250km/h 线路轨道静态几何尺寸容许偏差　　　　表6-2

项　　目	作业验收	经常保养	临时补修	限速（160km/h）
轨距（mm）	−2～2	−2～4	−4～6	−6～8
水平（mm）	3	5	8	10
高低（mm）	3	5	8	11
轨向（直线）（mm）	3	4	7	9
扭曲（mm/3m）	3	4	6	8
规矩变化率	1/1500	1/1000	—	—

注：1. 高低和轨向偏差为10m及一下弦测量的最大矢度值。

　　2. 扭曲偏差不含曲线超高顺坡造成的扭曲量。

为了保证管幕施工期间列车运营安全，对既有股道进行扣轨加固，既有线限速45km/h通行，在线路加固之前需对每个通道内的7个股道宽轨枕进行更换。施工前对管幕段穿越区域的土体进行注浆加固，加固范围为管幕段轮廓线以外2m范围内，开挖完成后进行第二次注浆补强；在工作井内打设两排 ϕ180mm 的锁扣式管棚，距离2m直径钢管净距不小于200mm，以控制道床的沉降。

2）站内雨棚柱保护措施

太原站改造后现采用无柱雨棚，雨棚为直径560mm的双柱钢结构，每个无柱雨棚基础下设置4根直径500mm预应力管桩，桩长23m。受通道施工影响的雨棚主要为第2、3组（北通道）和第10～12组（南通道）。管幕距离雨棚柱基础最近约1.35m。

为保证管幕施工过程中雨棚柱的安全，施工过程中加强了监测，并提前进行了注浆加固。

　　3）站场排水暗涵保护措施

　　火车站南端排水暗涵位于第 11、12 组雨棚柱之间，测量检查井最深为 6.2m（站台处）；北端排水暗涵位于第 2、3 组雨棚柱之间，测量检查井最深处为 4.6m（站台处）。北侧排水暗涵对下穿通道有干扰。北侧暗涵尺寸为 1.05m 圆管，钢筋混凝土结构。管幕施工前，将北端排水暗涵进行了迁改，迁改完成后再顶管下穿排水暗涵。

　　4）行包地道保护措施

　　南线车行通道管幕结构与一站台行包地道的竖向最小净距为 1.2～1.45m。为了保证地下通道施工过程中行包通道安全，施工过程中严格做好监测工作，并进行了跟踪注浆。

　　5）车站站台挡墙保护措施

　　站台挡墙采用强度等级为 C30 的钢筋混凝土，底下设置 1m 厚灰土垫层加固，纵向沉降缝间距 20m。南、北线车行通道管幕结构距离站台挡墙竖向最小净距约 1.8m、2.0m。站台挡墙将承受管幕顶进期间的迎面阻力及管壁的侧阻力。根据计算，迎面阻力及管壁的侧阻力均小于站台挡墙与下部土体的摩擦力，安全系数为 2.43。管幕施工时未影响站台挡墙的稳定。

　　6）车站内管线及接触网保护措施

　　站台处有通信、信号电缆、给水管、排水管、排水沟等管道，现场施工前对其进行了改迁。第 2、3 组雨棚柱之间有 2 根既有接触网柱，在北通道管幕段施工范围内，对其进行了改迁。第 2 组雨棚柱轴线对应的股道上有 3 根、第 11 组雨棚柱轴线对应的股道上有 5 根接触网柱，距离管幕段结构较近，对此进行了跟踪注浆加固。

　　7）站场挡墙处理措施

　　站场范围东侧地势起伏较大。站场东侧南部地表约 817m，东侧北部地表仅 807.2m，站场地坪约 812m。车站东侧北部站场标高比站外地坪高约 5m，现状采用挡墙进行边坡防护。在挡墙脚下进行始发井基坑的开挖不利于挡墙的稳定，同时顶管施工期间会对既有挡墙造成一定破坏。因此采取将工作井靠挡墙的侧墙升高的防护措施，工作井侧墙与挡墙间空隙充填黏性土。工作井侧墙升高后与既有挡墙共同承受站场填土的侧向压力，北通道挡墙防护设计如图 6-9 所示。

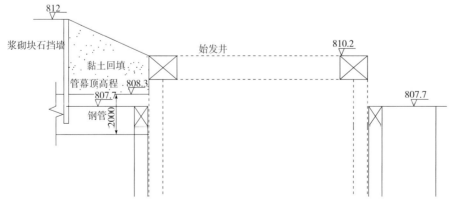

图 6-9　北通道挡墙防护设计图（尺寸单位：mm；高程单位：m）

车站东侧南部站外地坪标高比站场高约5m，现状采用挡墙防护站场外部土体。若紧邻挡墙开挖始发井，可能造成挡墙的倒塌，影响列车运营的安全。结合东广场站台的建设，先对既有挡墙进行拆除，再采用放坡的方式开挖至站场地坪标高，然后进行始发井基坑围护结构的施工。南通道挡墙防护设计如图6-10所示。

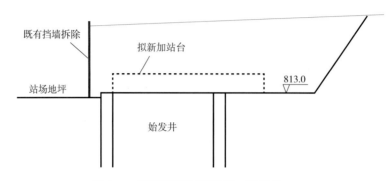

图6-10 南通道挡墙防护设计图（高程单位：m）

8）顶管通过既有建（构）筑物施工技术措施

（1）顶管机下穿运营线路时，施工中采取以下措施：

①利用计算机对下穿铁路工况及施工参数进行模拟，预测顶管机过铁路可能出现的沉降值，确定最优掘进参数。

②严格按试验段优化数据设定土仓压力、掘进速度等施工参数。

③在土仓内加注泡沫，改善渣土的和易性，确保螺旋机出土顺畅，便于控制土仓压力等参数。

④严格控制出土量，控制出土量为理论出土的98%～100%。严禁超挖，保持土仓压力，避免超挖造成塌方，引起地面沉降。

⑤严格控制同步注浆量和注浆压力。根据地面监测情况调整注浆量及注浆压力。严格按照三条线进行注浆：一是顶管机尾同步注浆，二是沿线管道补浆，三是洞口处注浆。

⑥严格控制顶管机姿态，下穿铁路前，将顶管机姿态调整到最佳；严格控制轴线和纠偏量，避免因纠偏过急造成超挖等对地层的扰动。

⑦进行专项铁路监测，确保既有线运营安全。

（2）顶管机通过无柱雨棚基础、接触网基础、站台墙等时，施工中采取以下措施：

①严格控制推进速度，采用中低速匀速施工，确保土体将推进所产生的应力充分释放。适当欠压掘进，减小对桩的影响。

②严格控制机头姿态，避免大幅度纠偏，尽量减小对土体的扰动。

③确定桩沉降的控制标准，施工过程中严密监测，建立评估及预警机制。根据监测结果，划定各级预警范围。一旦发生预警，及时启动应急预案。

④合理控制触变泥浆注浆，包括对注浆量和注浆压力的控制，并根据收敛监测数据及时调整注浆量。

（3）顶管机通过行包通道时，施工中采取以下措施：

①利用模拟程序对下穿地下通道工况进行模拟，通过模拟确定下穿通道的各项主要施工参数。

②严格控制盾构机正面平衡压力，在穿越地下通道地段时，严格控制切口平衡土压力来平衡顶管机出土时的地层沉降量；同时也必须严格控制与切口平衡压力有关的施工参数，如出土量、推进速度、总推力、实际土压力围绕设定土压力波动的差值等。防止过量超挖、欠挖，尽量减少平衡压力的波动。

③严格控制顶管机的推进速度。施工时，推进速度不宜过快，尽量做到均衡施工，减少对周围土体的扰动。如果推得过快，则刀盘开口断面对地层的挤压作用相对明显，地层应力来不及释放。过地下通道地段时推进速度应控制在 10 ～ 30mm/min。

④严格控制顶管机纠偏量。顶管机姿态变化不可过大、过频，推进时不急纠、不猛纠。

⑤严格控制同步注浆和浆液质量，确保注浆总量及压力。

⑥当顶管机穿越后，地下通道会有不同程度的后期沉降，因此必须准备足量的二次补压注浆材料和注浆设备，根据后期沉降观测结果，及时进行二次补注浆。

⑦穿越期间进行信息化施工。加强对地下通道的监测，建立预警系统，确保顶管施工和地下通道的安全。根据监测结果及时调整掘进参数，进一步优化土压力值及适宜的推进速度等参数，最大程度减少地层损失。

（4）顶管机通过各种管线时，施工中采取以下措施：

①在顶管机通过前对各种管线的基础进行调查，对沉降或隆起对管线的影响进行预测，并与管线产权单位协商共同确定控制标准，同时对管线基础提前进行注浆加固处理。

②顶管机通过管线地段时，调节推进速度，匀速、不停机通过管线地段。严格控制土仓压力的波动值和纠偏量，减小对地层的扰动。

③加强对同步注浆的控制。控制注浆压力和注浆量满足要求。

④加强监测，实行信息化施工，严格控制地表沉降在 10mm 以内。及时根据监测结果调整施工参数，直至监测数据稳定为止。

6.4　工程现场监测方案

通过对地层、建（构）筑物变形进行监测，收集整理施工过程中的监测数据，并与理论分析、数值计算结果进行对比，分析管幕预筑结构施工变形规律。

为了及时掌握管幕预筑结构受力状态，考虑监测的便利性和可实施性，施工中对路基沉降、轨道沉降和站台沉降等进行监测，考虑既有铁路线不中断运营，现场监测采用动态自动化监测与人工监测相结合的方案。

6.4.1 监测断面选取

本工程对路基、轨道和站台沉降进行了监测，测点布置如图 6-11 所示。

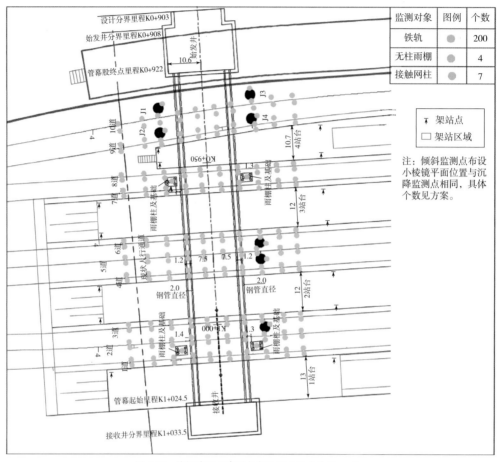

图 6-11　线间路基沉降测点布置图（尺寸单位：m）

6.4.2 监测点布设

（1）火车站下穿南、北通道沉降及倾斜测点布设

南、北通道共布设 520 个测点，其中北侧通道布设 260 个测点，南侧通道布设 260 个测点；监测周期为每 180min 监测一次。雨棚柱沉降、倾斜共 8 个测点，北侧通道 4 个测点，南侧通道 4 个测点；监测周期为每 180min 监测一次。接触网柱沉降、倾斜共 12 个测点，北侧通道 7 个测点，南侧通道 5 个测点；监测周期为每 180min 监测一次。行包通道沉降、倾斜共 32 个测点，每通道 8 个测点；监测周期为每 24h 监测一次。

（2）站台沉降测点布设

在南、北地下通道上的每个站台台面上设置 2 条测线，南通道 1～7 站台，每站台布设 11 个测点。北通道 1～5 站台，每站台布设 11 个测点。6、7 站台，每站台布设 8 个测点；监测周期为每 24h 监测一次。线间路基沉降，南北通道共 60 个测点，北侧通道 30 个测点，南侧通道 30 个测点；监测周期为每 8h 监测一次。

（3）轨道沉降测点布设

在南、北地下通道上部每条轨道的轨面上沿轨向设置 13 组测点，测点间距为 5m，监测范围为 60m（约为 3 倍洞径），共布置 40 条测线、520 个测点，分别对南北通道上部 10 条轨道在管幕施工时的沉降进行了监测。

如遇沉降变化速率较大时，应增加观测频次。前期测点总数为 720 个，后增加线间路基沉降测点 60 个，共 780 个测点。

6.4.3　监测数据采集

（1）线间路基沉降

南、北两条通道分别下穿火车站 10 条轨道，根据轨道间站台布置方式，依次穿过 6 个轨道线间路基，根据路基两侧的轨道号分别命名为 1-2、2-3、4-5、5-6、7-8 和 9-10，监测时间为 2018 年 6 月 28 日—2019 年 8 月 8 日。在南、北通道 6 个路基的监测数据中分别选取沉降量较大的 2 个路基，绘制下穿通道施工过程中路基随时间的变化曲线。

（2）轨道沉降

南、北通道分别下穿火车站 10 条轨道，监测时间为 2017 年 11 月 8 日—2019 年 7 月 30 日。在南、北通道 10 条轨道监测数据中分别选取沉降量较大的 2 条轨道，绘制下穿通道施工过程中轨道沉降随时间的变化曲线。

（3）站台沉降

南、北通道分别下穿火车站 7 个站台，监测时间为 2018 年 1 月 4 日—2019 年 8 月 8 日。在南、北通道 7 个站台监测数据中分别选取 1 个累计沉降最大的站台，绘制下穿通道施工过程中站台沉降随时间的变化曲线。

6.5　现场监测结果与分析

（1）线间路基沉降

北通道选取 5-6 道、7-8 道线间路基，路基沉降随时间变化曲线如图 6-12、图 6-13 所示，最大累计沉降量分别为 9.3mm、9.4mm，1-2、2-3、4-5 和 9-10 轨道之间的 4 个路基的累计沉降量分别为 4.3mm、4.6mm、9.1mm 和 8.5mm。南通道选取 1-2 道和 5-6 道线间路基，路基随时间变化曲线如图 6-14、图 6-15 所示，最大累计沉降量分别为 7.7mm 和 8.3mm，2-3、4-5、5-6 和 9-10 轨道之间的 4 个路基的累计沉降量分别为 5.4mm、6.4mm、5.9mm 和 4.9mm。

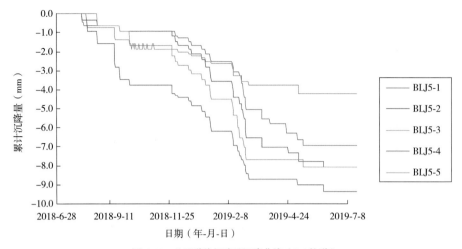

图 6-12　北通道线间路基沉降曲线（5-6 轨道）

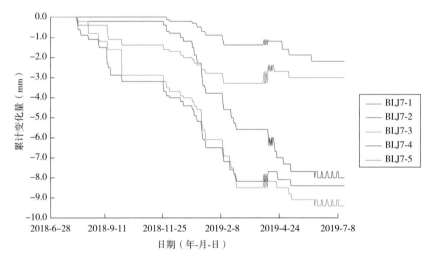

图 6-13　北通道线间路基沉降曲线（7-8 轨道）

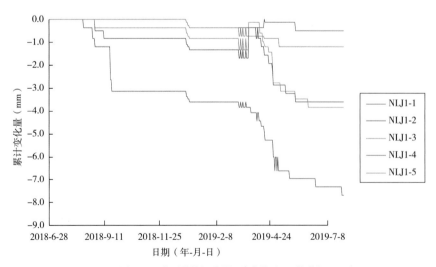

图 6-14　南通道线间路基沉降曲线（1-2 轨道）

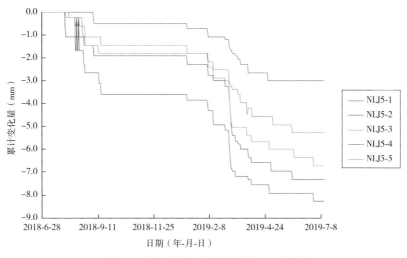

图 6-15　南通道线间路基沉降曲线（5-6 轨道）

由以上分析可知，南、北通道施工过程中，线间路基的最大沉降值均小于 10mm，满足沉降控制要求。由于北通道地下水比南通道较为丰富，沉降控制难度略大，所以北通道路基沉降比南通道略大。在南、北通道顶管施工期间，对顶管上方小管径管棚进行了数次注浆，由此导致路基发成不同程度的隆起，在沉降曲线上表现为不同程度的波动（图 6-13、图 6-14），路基的隆起值均小于 0.5mm，说明隧道顶部的管棚注浆对地表线间路基沉降有一定的补偿作用。

（2）轨道沉降

北通道选取轨道 2 和轨道 3，轨道累计沉降随时间变化曲线如图 6-16、图 6-17 所示，最大累计沉降量分别为 9.2mm 和 8.8mm，轨道 1 及轨道 4～10 的累计沉降量分别为 6.8mm、5.9mm、7.2mm、7.6mm、7.3mm、7.6mm、3.4mm 和 3.4mm。南通道选取轨道 2 和轨道 6，轨道累计沉降随时间变化曲线如图 6-18 和图 6-19 所示，最大累计沉降量分别为 9.6mm 和 6.8mm；轨道 1、轨道 3～5、轨道 7～10 的累计沉降量分别为 4.0mm、5.5mm、5.8mm、5.8mm、6.7mm、5.6mm、4.9mm 和 7.1mm。

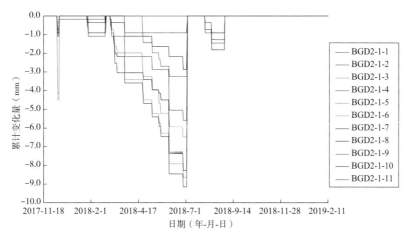

图 6-16　北通道轨道沉降曲线（轨道 2）

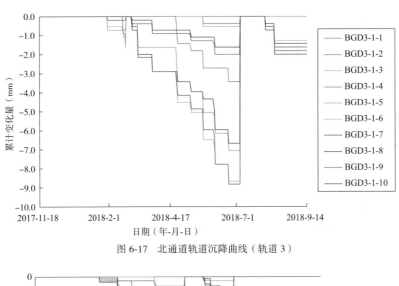

图 6-17　北通道轨道沉降曲线（轨道 3）

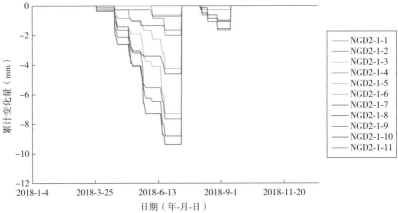

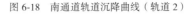

图 6-18　南通道轨道沉降曲线（轨道 2）

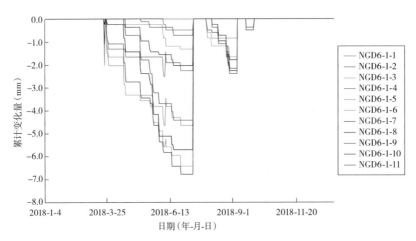

图 6-19　南通道轨道沉降曲线（轨道 6）

由以上分析可知，南、北通道施工过程中，轨道沉降最大值小于 10mm，满足轨道沉降的控制要求。为保证轨道平顺度，使火车线路正常运行，当轨道沉降较大，在火车运行空窗期，将轨道抬升到沉降 0 值，并采取相应的加固措施，所以轨道沉降曲线表现出数次波动的现象。

（3）站台沉降

北通道和南通道均选取站台 5，站台累计沉降分别是 9.6mm 和 7.3mm，站台累计沉降随时间的变化曲线如图 6-20 和图 6-21 所示。北通道站台 1～4、站台 6 和站台 7 的累计沉降分别为 7.6mm、7.8mm、9.7mm、9.2mm、9.2mm 和 9.1mm；南通道站台 1～4、站台 6 和站台 7 的累计沉降分别是 4.8mm、5.1mm、5.5mm、6.1mm、6.3mm 和 5.8mm。

由以上分析可知，南、北通道施工过程中，站台沉降最大值小于 10mm，满足站台沉降的控制要求。由于北通道地下水比南通道丰富，地质条件差，因此北通道的站台沉降大于南通道。

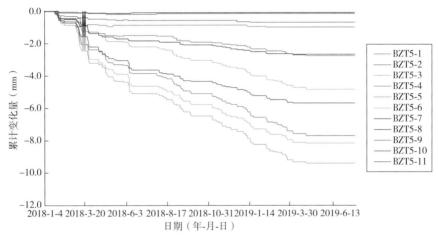

图 6-20　北通道站台沉降曲线（站台 5）

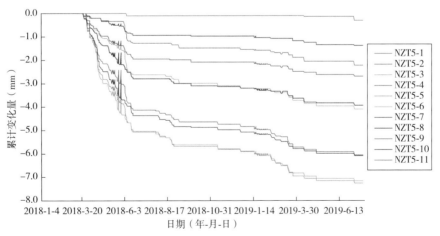

图 6-21　南通道站台沉降曲线（站台 5）

（4）控制效果

结构跨度 18.2m、结构高度 10.5m、结构全长 102.5m 的太原市迎泽大街下穿火车站通道示范工程建造顺利完成，满足地表沉降不大于 10mm 且不影响太原站正常运营的要求，顺利通过专家验收。

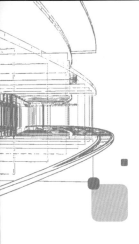

参考文献
REFERENCES

[1] 金春福 . 地下大跨度新管幕结构体系施工力学性能研究 [D]. 大连 : 大连理工大学 , 2012.

[2] 黎永索，张可能，黄常波 . 管幕预筑隧道衬砌结构现场监测分析 [J]. 岩土工程学报 . 2012, 34（8）: 1541-1547.

[3] Feng Q, Tan S, Yan J, et al. Minimum shear reinforcement ratio of steel plate concrete beams[J]. Materials & Structures, 2015, 49（9）: 1-18.

[4] Yan J B, Liew J Y R, Zhang M H, et al. Punching shear resistance of steel-concrete-steel sandwich composite shell structure[J]. Engineering Structures, 2016, 117: 470-485.

[5] 蒋亚军，陈思佳，黄城均，等 . 核电用双钢板—混凝土单元轴心受压组合效应 [J]. 浙江大学学报（工学版），2019, 53（4）: 724-731.

[6] 熊峰，何涛，周宁 . 核电站双钢板混凝土剪力墙抗剪强度研究 [J]. 湖南大学学报（自然科学版），2015, 42（9）: 33-41.

[7] Li X, Steel plates and concrete filled composite shear walls related nuclear structural engineering: Experimental study for out-of-plane cyclic loading[J]. Nuclear Engineering and Design，2017, 315: 144-154.

[8] 李小军，李晓虎 . 核电工程双钢板混凝土组合剪力墙面内受弯性能研究 [J]. 工程力学，2017, 34（9）: 43-53.

[9] Yan J B, Qian X D, Liew J Y R, et al. Damage plasticity based numerical analysis on steel-concrete-steel sandwich shells used in the Arctic offshore structure[J]. Engineering Structures，2016, 117: 542-559.

[10] El-Bahey S, Bruneau M. Bridge piers with structural fuses and bi-steel columns I: experimental testing[J]. Journal of Bridge Engineering，2012, 17（1）: 25-35.

[11] 宋神友，聂建国，徐国平，等 . 双钢板—混凝土组合结构在沉管隧道中的发展与应用 [J]. 土木工程学报，2019, 52（4）: 109-120.

[12] 中华人民共和国住房和城乡建设部 . 钢板剪力墙技术规程 : JGJ/T 380—2015 [S]. 北京 : 中国建筑工业出版社 , 2016.

[13] 中华人民共和国住房和城乡建设部 . 核电站钢板混凝土结构技术标准 :GB/T 51340—2018 [S]. 北京 : 中国计划出版社 , 2018.

[14] 冷予冰，宋晓冰，葛鸿辉，等.钢板—混凝土组合墙体结构平面外抗剪承载力试验分析[J].建筑结构学报，2013, 43（22）: 15-21.

[15] 杨悦，刘晶波，樊健生，等.钢板—混凝土组合板受弯性能试验研究[J].建筑结构学报, 2013, 34（10）: 24-31.

[16] Liew J Y R, Sohel K M A. Lightweight steel-concrete-steel sandwich system with J-hook connectors[J]. Engineering Structures，2009, 31（5）: 1166-1178.

[17] Roberts T M, Edwards D N, Narayanan R. Testing and analysis of steel-concrete-steel sandwich beams[J]. Journal of Constructional Steel Research，1996, 38（3）: 257-279.

[18] Wright H D, Oduyemi T O S, Evans H R. The experimental behaviour of double skin composite elements[J]. Journal of Constructional Steel Research，1991, 19（2）: 97-110.

[19] 夏培秀，邹广平，唐立强.钢板夹芯混凝土组合梁的界面滑移与变形分析[J].工程力学, 2013, 30（4）: 254-259.

[20] Subedi N K, Coyle N R. Improving the strength of fully composite steel-concrete-steel beam elements by increased surface roughness—— an experimental study[J]. Engineering Structures，2002, 24（10）: 1349-1355.

[21] 冷予冰，宋晓冰，葛鸿辉，等.钢板混凝土简支梁抗剪承载模式及承载力分析[J].土木工程学报，2015, 48（7）: 1-11.